Faiazul Haque
Mahfuz Ullah

Planeamento da cobertura sem fios interior para aplicações WLAN

Faiazul Haque
Mahfuz Ullah

Planeamento da cobertura sem fios interior para aplicações WLAN

Algoritmos de gestão cooperativa da taxa para o planeamento da cobertura de WLAN

ScienciaScripts

Imprint

Cover image: www.ingimage.com

This book is a translation from the original published under ISBN 978-3-659-83116-4.

Publisher:
Sciencia Scripts
is a trademark of
Dodo Books Indian Ocean Ltd. and OmniScriptum S.R.L publishing group

120 High Road, East Finchley, London, N2 9ED, United Kingdom
Str. Armeneasca 28/1, office 1, Chisinau MD-2012, Republic of Moldova, Europe
Printed at: see last page
ISBN: 978-620-8-26484-0

Índice:

Planeamento da cobertura sem fios interior para aplicações WLAN

Dedicação

Para os nossos queridos pais

Agradecimentos

O conteúdo e os resultados da investigação apresentados neste livro foram possíveis graças à valiosa supervisão, à orientação técnica e ao incansável encorajamento de Raqibul Mostafa, Professor, Departamento de Engenharia Eléctrica e Eletrónica, United International University, Dhaka, Bangladesh. Foi uma experiência de aprendizagem memorável ser guiado e aconselhado ao longo dos esforços de investigação, cujo resultado gerou o conteúdo deste livro.

Gostaríamos também de agradecer os contributos de Rafiuddin Ahmed, engenheiro projetista, Engineers and Consultants Bangladesh Limited, e de Ali Muntasir Ahmed, diretor elétrico adjunto, City Sugar Industries Limited, Bangladesh.

Por último, gostaríamos de agradecer a Deus Todo-Poderoso por ter tornado este esforço uma realidade frutuosa.

Os nossos sinceros agradecimentos ao Departamento de Engenharia Eléctrica e Eletrónica da United International University, Dhaka, Bangladesh, por nos ter fornecido o apoio técnico para a nossa investigação.

Capítulo 1

Introdução

Um professor da Universidade do Hawaii, Norman Abramson, criou a primeira rede sem fios em 1970. O objetivo era ligar 7 computadores de quatro ilhas ao computador central que se encontrava na ilha havaiana de Oahu. Mas o custo elevado do hardware e a falta de procura não permitiram que a tecnologia fosse o principal meio de comunicação na altura.

Depois, durante a década de 1990, a disponibilidade de diferentes dispositivos de comunicação portáteis e de fácil utilização fez aumentar a procura de redes sem fios para que os utilizadores pudessem ter mobilidade não só nos dispositivos que utilizam, mas também na sua utilização. Atualmente, WLAN (wireless local area network) significa que dois ou mais dispositivos (por exemplo, computadores portáteis) partilham um método de distribuição sem fios para se ligarem a uma Internet mais vasta através de um ponto de acesso. Este tipo de rede permitiu aos utilizadores usufruir de mobilidade dentro de uma área de cobertura local.

No Bangladesh, as WLAN ganharam recentemente imensa popularidade, uma vez que os fornecedores de serviços WiMAX, como a Banglalion, a Qubee, etc., obtiveram licença para exercer a sua atividade. A utilização de redes WLAN nos escritórios tornou-se muito comum. Hoje em dia, é muito provável que haja um ou mais computadores portáteis em casa e a introdução de uma rede WLAN pode trazer muitas vantagens e tornar todo o sistema mais dinâmico e fácil de utilizar. Uma rede WLAN reduz o peso da cablagem dentro da residência e dá ao utilizador uma grande mobilidade e flexibilidade. Qualquer novo utilizador pode ser acomodado à ligação à Internet sem grandes problemas. Por estas razões, a instalação de uma rede WLAN e o planeamento necessário tornaram-se uma questão de grande importância nos dias de hoje.

Há muitos aspectos a ter em conta no planeamento de uma rede WLAN. A principal delas é manter uma norma definida pelo Instituto de Engenheiros Eléctricos e Electrónicos (IEEE), conhecida como norma 802.11. É essencial ter uma boa ideia das políticas de rede que são determinadas pela autoridade técnica, o IEEE.

Há muitos factores que são responsáveis pela eficácia de uma rede. Por exemplo, a potência de transmissão, os problemas de interferência, o controlo da potência de transmissão e a melhor utilização do espetro disponível, etc., desempenham papéis vitais para determinar se uma rede WLAN é eficiente ou não. Como o nome indica, este livro tenta incluir todos estes factores importantes da conceção de uma rede. Também tentámos incorporar a técnica de controlo da potência de transmissão para manter a taxa de transferência desejada. O MATLAB é utilizado como ferramenta de simulação. Todos os perfis simulados, ou seja, perfil de taxa, perfil de perda de percurso, etc., foram efectuados através da escrita de códigos no MATLAB.

A subsecção seguinte apresenta um esboço do conteúdo do livro com uma breve descrição de cada capítulo.

1.1 Organização dos Capítulos

Capítulo 1 Introdução

Capítulo 2 Visão geral da arquitetura WLAN baseada em 802.11

Neste capítulo, todos os conceitos básicos de uma rede WLAN são abordados de forma sucinta. Este capítulo aborda desde uma descrição geral de todos os elementos da rede até à introdução de diferentes quadros e formatos de quadros, várias funções da camada MAC, etc.

Capítulo 3 Metodologias de acesso

Uma parte muito importante da comunicação WLAN, o mecanismo de acesso ao meio, é discutida neste capítulo. O conceito central do mecanismo CSMA/CA também é abordado aqui.

Capítulo 4Modelo de perdas no percurso interior

A introdução à perda de percurso, os diferentes modelos de perda de percurso e o modelo que utilizámos neste livro são descritos neste capítulo. Inclui-se aqui um exemplo de perfil de perda de percurso para um apartamento, o que é uma consideração muito importante para o planeamento da rede.

Capítulo 5 Controlo da potência de transmissão com adaptação da taxa

Este capítulo centra-se no controlo da potência de transmissão e na técnica de adaptação da taxa adequada, apresentando estas questões do ponto de vista da norma original, ou seja, 802.11. O perfil de taxa para um apartamento é discutido aqui juntamente com um exemplo de TPC. No exemplo, as caraterísticas de variação temporal dos diferentes parâmetros são muito iluminadas.

Capítulo 6 Gestão cooperativa da taxa

O capítulo 6 ilustra vários cenários da vida real, apresentando diferentes condições de zonas adjacentes. Para alguns cenários arbitrários, o controlo da potência de transmissão é abordado através da manutenção de um limiar de débito de dados. Estes exemplos também tentam abranger a natureza dinâmica de uma rede WLAN.

Capítulo 7 TPC com antena direcional

Este capítulo traz outro fator importante em consideração, a utilização de uma antena direcional. A fusão do conceito de antena direcional com os exemplos anteriormente discutidos no capítulo 6 resulta numa técnica de poupança de potência de transmissão muito eficaz.

Capítulo 2

Uma visão geral da arquitetura WLAN baseada em 802.11

2.1 Introdução

O 802.11 é um conjunto de normas definidas pela autoridade do IEEE (Instituto de Engenharia Eléctrica e Eletrónica), principalmente para a comunicação de redes locais sem fios (WLAN). A sua funcionalidade abrange as gamas de comunicação que incluem as bandas de frequência de 2,4, 3,6 e 5 GHz[1][2].
A família 802.11 inclui técnicas de modulação sem fios que utilizam o mesmo protocolo de base. Existem vários subprotocolos da norma que se diferenciam principalmente pelas suas variedades de taxas de dados e técnicas de modulação, por exemplo, 802.11a, 802.11b, 802.11g, etc. [2] Segue-se uma tabela para distinguir as suas caraterísticas.

Tabela 2.1 Tabela com os protocolos 802.11 e as suas várias caraterísticas [2].

Protocolo 802.11	Freq. (GHz)	Largura de banda (MHz)	Débito de dados por fluxo (Mbit/s)	Técnica de modulação
a	5	20	6, 9, 12, 18, 24, 36, 48, 54	OFDM
	3.7			
b	2.4	20	5.5, 11	DSSS
g	2.4	20	6, 9, 12, 18, 24, 36, 48, 54	OFDM,DSSS
n	2.4/5	20	7.2, 14.4, 21.7, 28.9, 43.3, 57.8, 65, 72.2	OFDM
		40	15, 30, 45, 60, 90, 120, 135, 150	

Entre estas, são muito populares a 802.11b e a 802.11g, que são alterações à norma original, 802.11-1997, que foi a primeira norma de redes sem fios.

2.2 802.11b

O 802.11b tem uma taxa de dados brutos máxima de 11 Mbit/s e utiliza o mesmo método de acesso ao meio CSMA/CA definido na norma original. Mas, na prática, o débito máximo de 802.11b que uma aplicação pode atingir é de cerca de 5,9 Mbit/s utilizando TCP e 7,1 Mbit/s utilizando UDP, o que se deve principalmente à sobrecarga do protocolo CSMA/CA. [4]
O protocolo 802.11b é utilizado numa comunicação do tipo ponto a multiponto, em que um ponto de acesso comunica com vários clientes móveis dentro da sua área de cobertura através de uma antena omnidirecional. Os clientes móveis serão por vezes designados por estações móveis ou estações.
As placas 802.11b podem funcionar a 11 Mbit/s, mas regressam a 5,5, depois a 2 e depois a 1 Mbit/s (também conhecida como Seleção de taxa adaptativa), se a qualidade do sinal se tornar um problema.
Agora, na Fig 2.1 abaixo, podemos ver os canais WLAN que estão disponíveis para comunicação de 2,4 GHz. Segue-se a tabela que inclui uma lista dos canais:

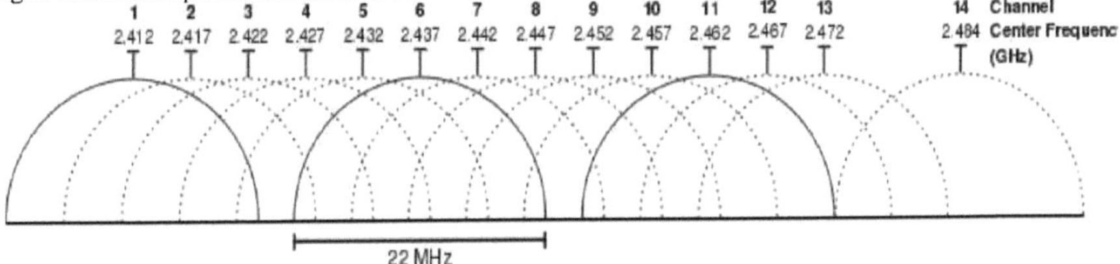

Figura 2.1 Espaçamento dos canais WLAN na banda de 2,4 GHz [3]

Tabela 2.2 Tabela de canais WLAN de 2,4 GHz e seus correspondentes frequências (802.11b/g) [4]

Canal	Frequência central	Delta de frequência	Largura do canal	Sobreposição de canais
1	2,412 GHz		2,401 - 2,423 GHz	2 - 5
2	2,417 GHz	5 MHz	2,406 - 2,428 GHz	1, 3 - 6
3	2,422 GHz	5 MHz	2,411 - 2,433 GHz	1 - 2, 4 - 7
4	2,427 GHz	5 MHz	2,416 - 2,438 GHz	1 - 3, 5 - 8
5	2,432 GHz	5 MHz	2,421 - 2,443 GHz	1 - 4, 6 - 9
6	2,437 GHz	5 MHz	2,426 - 2,448 GHz	2 - 5, 7 - 10
7	2,442 GHz	5 MHz	2,431 - 2,453 GHz	3 - 6, 8 - 11
8	2,447 GHz	5 MHz	2,436 - 2,458 GHz	4 - 7, 9 - 12
9	2,452 GHz	5 MHz	2,441 - 2,463 GHz	5 - 8, 10 - 13
10	2,457 GHz	5 MHz	2,446 - 2,468 GHz	6 - 9, 11 - 13
11	2,462 GHz	5 MHz	2,451 - 2,473 GHz	7 - 10, 12 - 13
12	2,467 GHz	5 MHz	2,456 - 2,478 GHz	8 - 11, 13 - 14
13	2,472 GHz	5 MHz	2,461 - 2,483 GHz	9 - 12, 14
14	2,484 GHz	12 MHz	2,473 - 2,495 GHz	12 - 13

Aqui podemos ver que a banda 2,4000-2,4835 GHz está dividida em 13 canais, cada um com uma largura de 22 MHz, mas espaçados apenas 5 MHz, com o canal 1 centrado nos 2,412 GHz e o 13 nos 2,472 GHz. O Japão introduziu o canal 14 centrado nos 2,484 GHz. Para evitar interferências, os canais recomendados são 1, 6, 11 e 14. Note-se que a disponibilidade de canais varia de país para país.

2.3 Tabela de acrónimos

Quadro 2.3: Tabela de acrónimos

Acrónimos	Nome completo	Descrição
BSS	Conjunto de serviços básicos	BSS é a célula da arquitetura celular da rede 802. 11LAN protocolo. No modo Infraestrutura, um único ponto de acesso (AP), juntamente com todas as estações associadas (STAs), é designado por BSS. O BSS mais básico é constituído por um AP e uma STA.
IBSS	Conjunto de serviços básicos independentes	Se um BSS não incluir qualquer AP, é conhecido como IBSS. Neste caso, uma estação (STA) funciona como o dispositivo de controlo que inicia a rede.

AP	Ponto de acesso	É a estação de base da arquitetura celular do protocolo 802.11. Um AP actua como um mestre para controlar as estações dentro desse BSS.
ESS	Conjunto de serviços alargado	Um Conjunto de Serviços Alargado (ESS) é um conjunto de um ou mais BSSs interligados e redes locais integradas. Aparece como um único BSS para a camada de controlo da ligação lógica em qualquer estação associada a um desses BSSs.
DS	Sistema de distribuição	É a espinha dorsal através da qual os APs de várias células se ligam entre si. Permite a expansão de uma rede sem fios utilizando vários pontos de acesso sem necessidade de uma espinha dorsal com fios para os ligar, mas, por vezes, a espinha dorsal também pode ser de Ethernet.
MAC	Controlo de acesso aos meios de comunicação	O controlo de acesso aos meios de comunicação (MAC) é uma subcamada da camada de ligação de dados especificada no modelo OSI de sete camadas (camada 2). Fornece mecanismos de endereçamento e de controlo do acesso aos canais. A subcamada MAC funciona como uma interface entre a subcamada Controlo de Ligação Lógica (LLC) e a camada física da rede.
NAV	Vetor de atribuição de rede	O vetor de atribuição de rede (NAV) é um mecanismo de deteção de portadora virtual. É uma parte importante do protocolo MAC CSMA/CA utilizado nas WLANs IEEE 802.11
RTS	Pedido de envio	É um mecanismo opcional que é introduzido para resolver o problema do nó escondido. Um nó envia um quadro RTS para iniciar uma transmissão.

CTS	Limpar para enviar	Este é o quadro que o nó recetor do quadro RTS envia afirmando o início da transmissão. Qualquer outro nó que receba o quadro RTS ou CTS deve abster-se de enviar dados durante um determinado período de tempo
		(resolvendo o problema do nó oculto). A quantidade de tempo que o nó deve esperar antes de tentar obter acesso ao meio está incluída tanto no quadro RTS como no CTS
ACK	Agradecimentos	Este quadro é enviado pelo nó recetor, confirmando que recebeu o quadro ou um fragmento de um quadro.

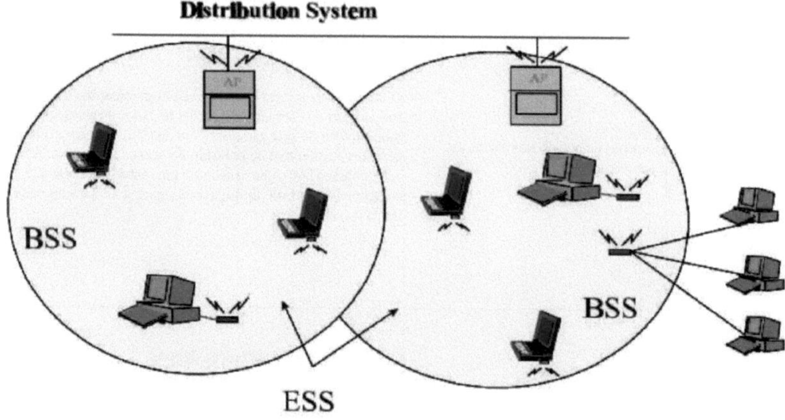

Figura 2.2 Uma rede WLAN típica de 802.11 [1]

2.4 Camada MAC

A norma 802.11 especifica uma camada comum de controlo de acesso ao meio (MAC), que fornece uma variedade de funções que suportam o funcionamento de LANs sem fios baseadas em 802.11. Em geral, a camada MAC gere e mantém as comunicações entre as estações 802.11 (placas de rede via rádio e pontos de acesso), coordenando o acesso a um canal de rádio partilhado e utilizando protocolos que melhoram as comunicações através de um meio sem fios. É frequentemente vista como o "cérebro" da rede e, entre as tarefas desta camada, contam-se a deteção de portadora, a transmissão e a receção dos quadros 802.11.

Antes de iniciar a transmissão, uma estação tem de obter acesso ao meio. Se o meio não estiver livre ou se algum outro nó estiver a transmitir, é possível que a transmissão seja corrompida. Esta tarefa muito importante de acesso ao meio é efectuada pela camada MAC. Para o efeito, a camada dispõe de duas técnicas. São elas a função de coordenação de distribuição (**DCF**) e a função de coordenação de ponto (**PCF**). [5]

O DCF baseia-se no protocolo CSMA/CA (carrier sense multiple access with collision avoidance). Com o

DCF, as estações 802.11 disputam o acesso e tentam enviar quadros quando não há outra estação transmitindo. Se outra estação estiver a enviar um quadro, as estações são educadas e aguardam até que o canal fique livre. Outro aspeto importante do DCF é o algoritmo de retrocesso exponencial. Os detalhes do mecanismo de acesso à portadora serão explicados e discutidos no capítulo 3, que é **a Metodologia de Acesso.**

A norma 802.11 define a função de coordenação de pontos (PCF), em que o ponto de acesso concede acesso a uma estação individual ao meio, sondando a estação durante o período livre de contenção. As estações não podem transmitir quadros a não ser que o ponto de acesso as informe primeiro. Trata-se de uma forma opcional de aplicação e já não se encontra no mercado atual (normalmente, não se encontram atualmente pontos de acesso que suportem a PCF). [5]

2.4.1 Funções da camada MAC

Tentaremos agora familiarizar-nos com algumas funções que a camada MAC incorpora[1][6].

- **Varrimento**: O scanning é o processo através do qual uma estação obtém acesso a um BSS existente. Ao efetuar o scanning, a estação obtém as informações de sincronização do AP. Existem duas formas de varrimento: Varrimento ativo e Varrimento passivo.
  A varredura passiva é obrigatória quando cada estação varre canais individuais para encontrar o melhor sinal de ponto de acesso. Periodicamente, os pontos de acesso emitem um sinalizador e a estação recebe esses sinais durante a pesquisa e regista a intensidade do sinal correspondente. Também obtém informações sobre o AP, incluindo a taxa de dados suportada, a ID do conjunto de serviços (SSID) do AP, etc.
  A varredura ativa é semelhante, exceto que a estação inicia o processo transmitindo um quadro de sonda e todos os pontos de acesso dentro do alcance respondem com uma resposta de sonda. O rastreio ativo permite que uma estação receba uma resposta imediata dos pontos de acesso, sem esperar por uma transmissão de beacon[6].
- **Autenticação**: A autenticação é o processo de provar a identidade. A norma 802.11 especifica duas formas de autenticação: Autenticação de sistema aberto e autenticação de chave partilhada.
  Na autenticação de sistema aberto, uma estação inicia primeiro o processo enviando um quadro de pedido de autenticação para o ponto de acesso. O ponto de acesso responde com um quadro de resposta de autenticação contendo a aprovação ou reprovação da autenticação[6].
- **Associação**: Uma vez autenticada, a estação deve associar-se ao ponto de acesso antes de enviar quadros de dados. A associação é necessária para sincronizar a estação e o ponto de acesso com informações importantes, como as taxas de dados suportadas. A estação inicia a associação enviando um quadro de solicitação de associação contendo elementos como SSID e taxas de dados suportadas. O ponto de acesso responde enviando um quadro de resposta de associação contendo um ID de associação juntamente com outras informações sobre o ponto de acesso. Quando a estação e o ponto de acesso concluem o processo de associação, podem enviar quadros de dados um ao outro[6].
- **RTS/CTS**: A função request-to send and clear-to-send (RTS/CTS) permite ao ponto de acesso controlar a utilização do meio pelas estações que activam o RTS/CTS. Está particularmente envolvida no processo CSMA/CA
  técnica que é utilizada pela camada MAC para obter acesso ao meio[1][7].
  -Modo de poupança de energia: Como a energia da bateria é um recurso escasso, a norma IEEE 802.11 criou um mecanismo para que as estações possam entrar em modo de suspensão quando não estão envolvidas em qualquer comunicação de dados. O aspeto notável é que, durante este processo, a perda de informação é evitada, uma vez que o AP mantém um registo continuamente atualizado das estações que entraram em modo de poupança de energia. O AP armazena em memória intermédia os pacotes que devem ser fornecidos a essas estações até que estas os solicitem especificamente através do envio de um pedido de sondagem ou até que alterem o seu modo de funcionamento[6].
- **Fragmentação:** A função de fragmentação opcional permite que uma estação 802.11 divida os pacotes de dados em quadros menores. Isso é feito para evitar a necessidade de retransmitir quadros grandes na presença de interferência de RF. É provável que os erros de bits resultantes da interferência de RF afectem um único quadro, e é necessário menos sobrecarga para retransmitir um quadro mais pequeno em vez de um maior. Com a diminuição do tamanho do pacote, a probabilidade de o pacote ser corrompido também diminui, o que garante uma comunicação de alta qualidade. O mecanismo segue um algoritmo simples de envio e espera. Isto significa que a estação transmissora deixará de enviar quaisquer outros pacotes até receber o ACK da estação recetora para o último pacote enviado. Se não receber o ACK num determinado período, então retransmite o pacote enviado anteriormente[6].

Note-se que a norma especificou formas para que uma estação possa transmitir para um endereço diferente entre retransmissões de um dado fragmento.
Abaixo está uma imagem onde podemos ver que a unidade de dados de serviço MAC (MSDU) é dividida em várias unidades de dados de protocolo MAC (MPDU) ou, por outras palavras, fragmentos.

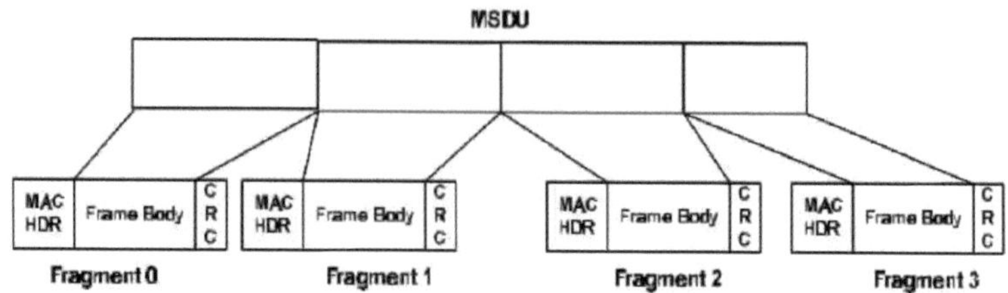

Figura 2.3 Fragmentação de quadros[1].

2.5 *Tipos e formatos de fotogramas*

Existem principalmente três tipos de quadros: Quadros de dados, quadros de controlo e quadros de gestão. As molduras de dados são utilizadas para a comunicação de dados, enquanto as molduras de controlo incluem os tipos que já discutimos anteriormente, ou seja, RTS, CTS e ACK. Estas molduras são utilizadas principalmente para controlar o acesso ao meio. As molduras de gestão são as molduras utilizadas na transmissão para trocar informações de gestão, mas, ao contrário das molduras de dados, não são enviadas para as camadas superiores. Exemplo de moldura de gestão: molduras de sinalização.

2.5.1 Formato

Em geral, todos os quadros 802.11 são construídos de forma semelhante; todos consistem em bits de preâmbulo, cabeçalho PLCP, dados MAC e CRC.

Preâmbulo	1 Cabeçalho PLCP	1 Dados MAC	1 CRC

Figura 2.4: Formato do quadro [1]

Preâmbulo: Depende da camada física e inclui duas partes: Sincronização e SFD
Synch é um número de sequência de 80 bits de zeros e uns alternados que é utilizado principalmente para selecionar a antena adequada e para alcançar a correção do desvio em estado estacionário e a sincronização com o tempo do pacote.
SFD é o Delimitador de Início de Quadro, que é um número binário de 16 bits. O padrão 0000 1100 1011 1101 é utilizado para definir o tempo do fotograma.
Cabeçalho PLCP: O seu débito de transmissão fixo é de 1 Mbit/s. Consiste na palavra de comprimento PLCP_PDU, no campo de sinalização PLCP e no campo de verificação de erros do cabeçalho. A primeira palavra representa o número de bytes que o pacote contém, depois o campo de sinalização PLCP contém a informação sobre o débito, enquanto o campo de verificação de erros do cabeçalho é um campo de deteção de erros de verificação de redundância cíclica de 16 bits.
Dados MAC: O quadro dos dados MAC é apresentado a seguir.

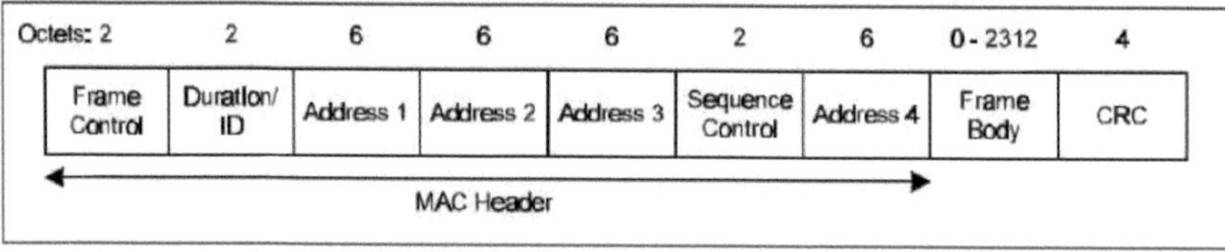

Figura 2.5 *Formato da estrutura MAC [1]*
Os dois primeiros octetos destinam-se ao controlo do quadro. Este controlo de quadro está novamente dividido em diferentes funções e a imagem que se segue é a seguinte:

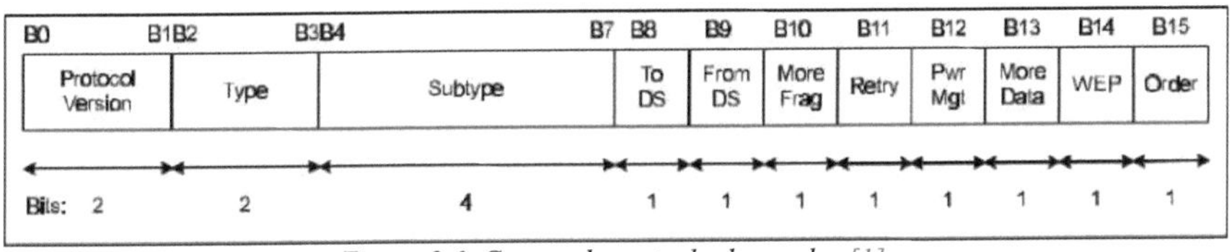

B0 B1	B2 B3	B4 B7	B8	B9	B10	B11	B12	B13	B14	B15
Protocol Version	Type	Subtype	To DS	From DS	More Frag	Retry	Pwr Mgt	More Data	WEP	Order
Bits: 2	2	4	1	1	1	1	1	1	1	1

Figura 2.6: Campo de controlo do quadro [1].

Em primeiro lugar, vamos dar uma vista de olhos às partes que se encontram no campo de controlo de fotogramas[2].

- **Versão do protocolo**: O seu tamanho é de dois bits e representa a versão do protocolo. Atualmente, a versão do protocolo é utilizada como zero. Outros valores estão reservados para utilização futura.
- **Tipo:** Tem dois bits de tamanho e ajuda a identificar o tipo de quadro WLAN. Controlo, Dados e Gestão são os vários tipos de quadros definidos no IEEE 802.11.
- **Subtipo:** Tem quatro bits de tamanho. O tipo e o subtipo são combinados para identificar o fotograma exato.
- **ToDS e FromDS:** Cada um tem o tamanho de 1 bit. Indicam se um quadro de dados se dirige a um sistema distribuído. Os quadros de controlo e gestão definem estes valores como zero. Todos os quadros de dados terão um desses bits definido. No entanto, a comunicação dentro de uma rede IBSS (BSS sem um AP) coloca sempre estes bits a zero.
- **Mais Fragmento:** tem um bit de tamanho. Este bit é elevado quando os pacotes de nível superior foram particionados ou fragmentados. Mantém-se elevado para todos os fragmentos, exceto o final.
- **Repetir:** Por vezes, os fotogramas necessitam de ser retransmitidos e, para isso, existe um bit de repetição que é definido como um quando um fotograma é reenviado.
- **Gestão de energia:** O bit de gestão de energia indica o estado de gestão de energia do remetente após a conclusão de uma troca de fotogramas. Os pontos de acesso são obrigados a gerir a ligação e nunca definirão o bit de poupança de energia.
- **Mais dados:** O bit More Data é utilizado para armazenar os fotogramas recebidos num sistema distribuído.
- **WEP:** O bit WEP é modificado após o processamento de um fotograma. É alterado para um depois de um fotograma ter sido desencriptado ou, se não estiver definida qualquer encriptação, já terá sido um.
- **Encomenda:** Este bit só é ativado quando é utilizado o método de entrega "encomenda rigorosa". Passamos agora a analisar os restantes segmentos da estrutura de dados MAC[1].
- **ID da duração:** É constituído por dois bytes. Este campo pode assumir uma de três formas: Duração, período livre de contenção (CFP) e ID de associação (AID). Este campo tem dois significados, consoante o tipo de quadro: Nas mensagens de sondagem de poupança de energia, representa a identificação da estação e, noutros quadros, esta duração é utilizada por outros para definir o seu NAV elevado.
- **Campos de endereço:** Um quadro 802.11 pode ter até quatro campos de endereço. Cada campo pode conter um endereço MAC. O endereço 1 é o recetor, o endereço 2 é o transmissor, o endereço 3 é utilizado para efeitos de filtragem pelo recetor. O endereço 4 é utilizado para fins especiais, quando é utilizado um DS sem fios e a estrutura está a ser transmitida de um PA para outro PA.

O quadro seguinte contém as informações necessárias para os diferentes campos de endereço.

Tabela 2-4: Tabela que resume os diferentes endereços de acordo com a definição dos bits ToDS e FromDs [1]

Para DS	De DS	Endereço 1	Endereço 2	Endereço 3	Endereço 4
0	0	DA	SA	BSSID	N/A

0	1	DA	BSSID	SA	N/A
1	0	BSSID	SA	DA	N/A
1	1	RA	TA	DA	SA

- **O campo de controlo de sequência:** Este campo é muito importante para remover duplicações. Contém os números de sequência dos fragmentos pertencentes a um mesmo quadro. É constituído por dois subcampos, o número do fragmento e o número de sequência.
- **Corpo do quadro:** O campo do corpo do quadro tem um tamanho variável, de 0 a 2304 bytes, mais qualquer sobrecarga do encapsulamento de segurança, e contém informações de camadas superiores.
- **CRC:** Cyclic Redundancy Check é um campo de 32 bits. Contém uma verificação de redundância de 32 bits.

2.6 Alguns formatos de quadro comuns:

RTS:

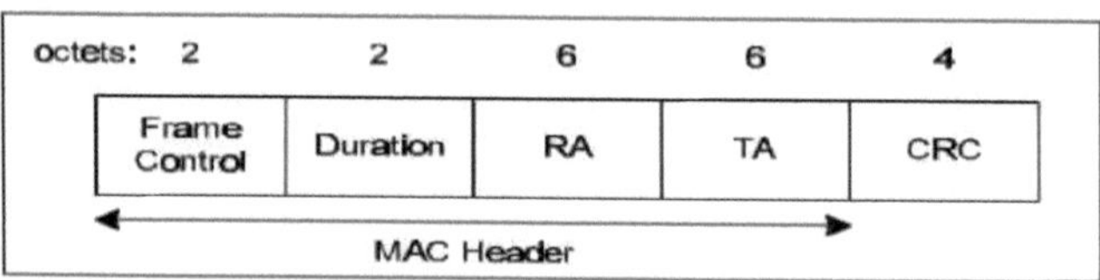

Figura2.7 : *Formato do quadro RTS[1]*

CTS:

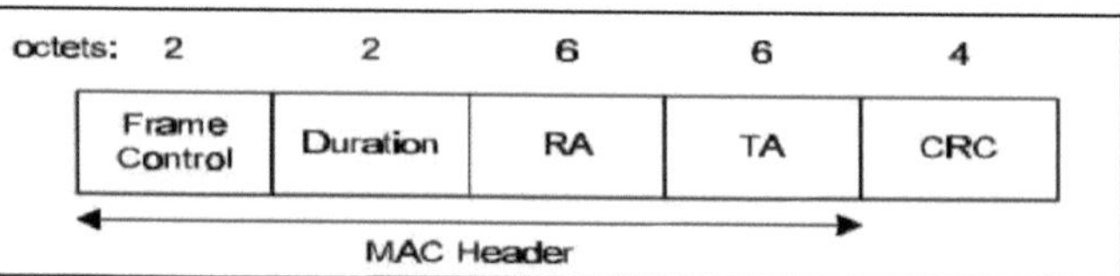

Figura 2.8 *Formato do quadro CTS[1]*

ACK:

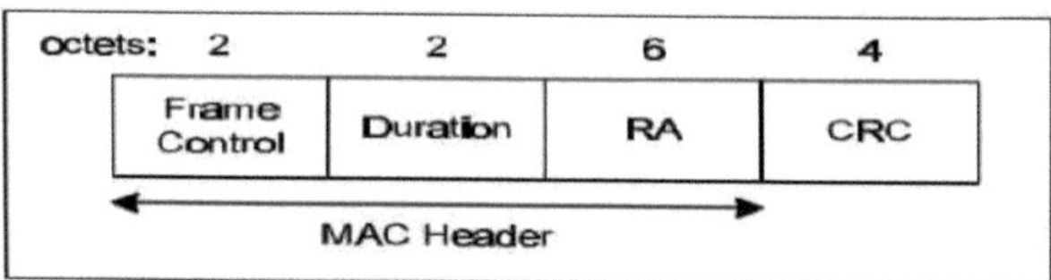

Figura 2.9 *Formato do quadro ACK[1]*

Neste caso, o campo RA consiste no endereço do destinatário imediato do próximo quadro de dados ou de gestão.
O campo TA corresponde ao endereço da estação transmissora.
O campo de duração representa o valor da duração em microssegundos e a duração aqui consiste no tempo necessário para enviar este quadro, bem como para completar a transmissão de todo o quadro de dados pretendido.

Capítulo 3

Metodologias de acesso

Tal como referido no capítulo anterior, a camada de controlo do acesso ao meio (MAC) é a principal responsável pelo acesso ao meio por parte de uma estação que pretenda transmitir dados. Já sabemos que, para este efeito, a camada MAC utiliza a função de coordenação distribuída (DCF) ou a função de coordenação pontual (PCF). A PCF já não se encontra nas actuais placas LAN, pelo que discutiremos principalmente as metodologias que são escolhidas pela DCF.[1][7]

Mas, antes disso, precisamos de nos familiarizar com alguns fenómenos. A compreensão dos diferentes espaços interquadros e de vários problemas durante o acesso ao meio ajudar-nos-á a aprender os tópicos que serão discutidos neste capítulo.

3.1 *Espaços inter-quadro*

A norma 802.11 define 4 tipos de Inter Frame Spaces[1], que são descritos a seguir:

1. **SIFS:** Short Inter Frame Space (espaço curto entre quadros) é o espaço mínimo entre quadros, utilizado para separar as transmissões pertencentes a um único diálogo. No 802.11 FH PHY este valor está definido para 28 microssegundos.
2. **PIFS**: O Point Coordination IFS é utilizado pelo AP para obter acesso ao meio antes de qualquer outra estação. O valor é determinado como 78 microssegundos, que inclui um SIFS e um Slot time.
3. **DIFS:** O IFS distribuído é o espaço interquadros utilizado por uma estação que pretende iniciar uma nova transmissão. É calculado em 128 microssegundos (um PIFS + um slot time).
4. **EIFS:** Extended IFS, é um espaço interquadros mais longo. Uma estação utiliza-o se não conseguir compreender um pacote que recebeu.

3.2 *Alguns problemas comuns no acesso ao meio*

3.2.1 Problema da estação oculta

Trata-se de um problema muito comum que pode ocorrer numa rede WLAN. Vejamos um exemplo simples.

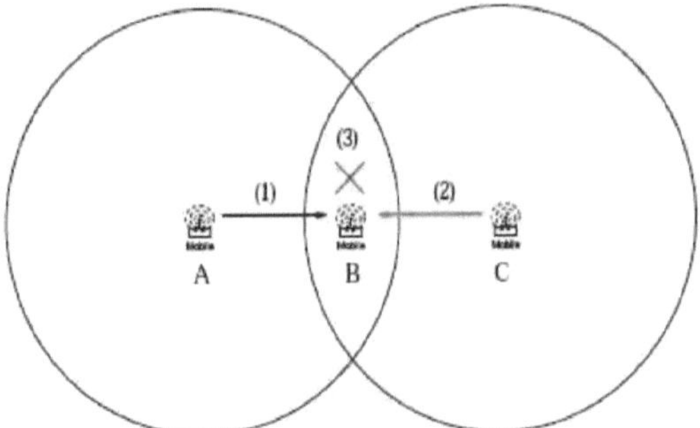

Figura 3.1 Problema da estação oculta [8]

Aqui podemos ver que existem três estações, A, B, C. A e C querem transmitir para a estação B. Devido à sua posição, se B estiver a receber pacotes de A, então C não pode saber que B está ocupado noutra transmissão. Nestas circunstâncias, se C começar a enviar os seus pacotes para B, estes pacotes perder-se-ão ou não serão recebidos corretamente por B. O mesmo pode acontecer à estação A. Este problema é conhecido por problema da estação escondida.

3.2.2 Problema da estação exposta

O **problema do nó exposto** ocorre quando um nó é impedido de enviar pacotes para outros nós devido a um transmissor vizinho. Este é outro problema comum e, para o compreender, consideramos outro exemplo em que a configuração da rede é a seguinte:

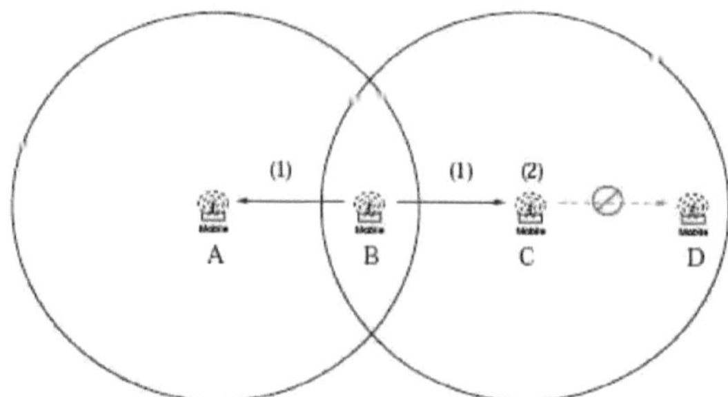

Figura 3.2 Problema da estação exposta[8]

Neste caso, as estações A e D têm as suas próprias regiões de cobertura que não se intersectam. Se B estiver a enviar algo para a estação A, então a estação C está impedida de enviar algo para a estação D. Não haverá qualquer problema, uma vez que a região de D é exterior à de A.

3.3CSMA (Carrier Sense Multiple Access)

O acesso múltiplo com deteção de portadora é o método da função de coordenação distribuída, através do qual uma estação ou nó obtém acesso ao meio. Para a LAN com fios ou o meio Ethernet, o CSMA/CD (CD representa a deteção de colisão), enquanto o CSMA/CA é a técnica utilizada nas aplicações WLAN [1].

No método CSMA, um nó que pretenda transmitir dados tem primeiro de escutar o canal durante um período de tempo predeterminado para determinar se outro nó está ou não a transmitir no canal dentro do alcance sem fios. Se o canal for considerado "inativo", o nó pode iniciar o processo de transmissão. Se o canal for detectado como "ocupado", o nó adia a sua transmissão por um período de tempo aleatório. Uma vez iniciado o processo de transmissão, é ainda possível que a transmissão efectiva dos dados da aplicação não ocorra[9].

O CSMA/CA é uma implementação de handshaking do RTS-CTS-ACK, que é uma caraterística adicional denominada "Virtual Carrier Sense Technique". Neste mecanismo, uma estação que pretenda transmitir um pacote transmite primeiro o RTS. Neste RTS são mencionadas informações como a origem, o destino e a duração da transação seguinte. A estação de destino responde enviando um CTS que inclui a mesma informação de duração, mas para esta resposta o meio tem de estar primeiro livre [8].

Todas as estações que recebem RTS e/ou CTS, colocam o seu NAV em alta durante o período mencionado. Enquanto esse período não for expirado, estas estações não podem efetuar qualquer tipo de transmissão.

Este mecanismo reduz significativamente o problema da estação oculta. Também ajuda a reduzir o problema da estação exposta se os nós estiverem sincronizados e os tamanhos dos pacotes e as taxas de dados forem os mesmos para ambos os nós transmissores. Vamos agora ver um exemplo deste método CSMA/CA que foi discutido até agora:

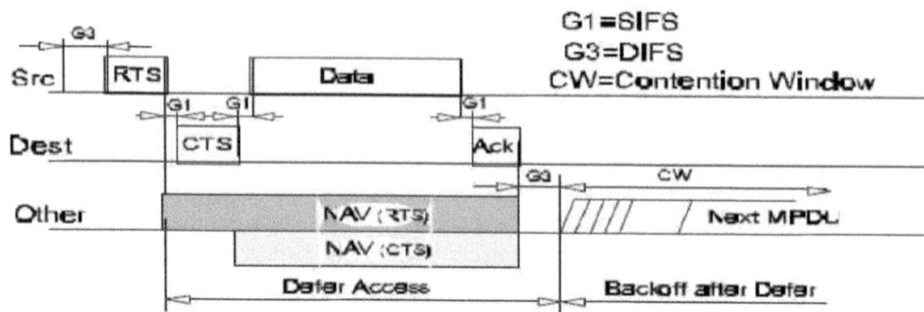

Figura 3.3: Um exemplo de método CSMA/CA com cronologia (sem incluir o método Back off no início da transmissão)[1].

Podemos ver que, antes de iniciar a transmissão, a fonte aguarda o tempo DIFS e depois envia RTS. As estações que recebem este sinal RTS colocam o seu NAV alto para o resto da transação. Isto é determinado pelo campo de duração do RTS. Depois de receber o RTS, o destino responde com um CTS. Aqueles que recebem o CTS e não receberam o RTS fixam agora o seu NAV durante o período de tempo mencionado no quadro CTS. Note-se que, entre cada transação, tanto o recetor como o emissor esperam o tempo SIFS.

3.4 *Algoritmo de retrocesso exponencial*

Esta é outra caraterística que é adicionada ao mecanismo melhorado de deteção de portadora. Aqui cada estação mantém um número aleatório que varia de 0 a n. n é um número inteiro predefinido. O valor é escolhido aleatoriamente. Antes de disputar o meio, cada estação aguarda o tempo de retorno, após o qual transmite. O único caso em que este mecanismo não é utilizado é quando a estação decide transmitir um novo pacote e o meio está livre há mais de um tempo DIFS [1]. Depois de esperar o tempo de back off, a estação envia os dados para o endereço desejado. Depois de enviar um dado, a estação aguarda o ACK do outro lado. Se ocorrer um time out e o ACK não for recebido, a estação entra novamente no modo back-off e depois retransmite o pacote. Se o canal for considerado inativo, o valor aleatório é reduzido [1][8].

A utilização da função back off traz uma vantagem muito importante: se duas estações quiserem iniciar as suas transmissões ao mesmo tempo, a diferença no tempo de back off aleatório garante que as duas estações não colidem uma com a outra. A estação que tiver menos tempo de retrocesso do que a outra obterá primeiro o acesso ao canal e iniciará a sua transmissão. A outra estação considerará que o meio está ocupado e adiará a transmissão.

Vamos agora ver um exemplo para compreender o método CSMA/CA de acesso ao canal que inclui o método Back off no início.

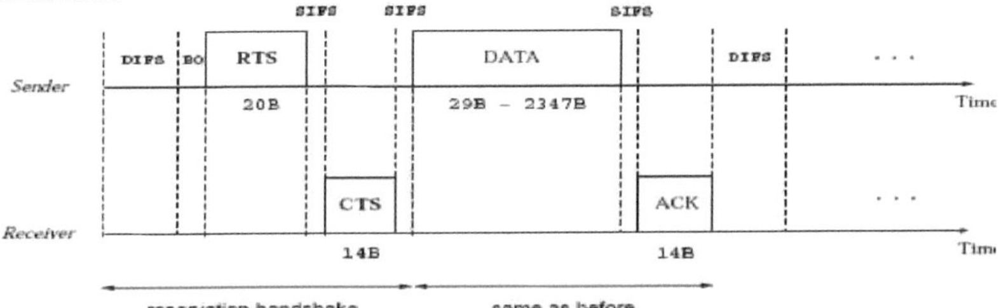

Figura 3.4: Um exemplo de método CSMA/CA com cronologia (incluindo BO antes de iniciar a transmissão) [8]

Aqui podemos ver que o remetente aguarda o tempo DIFS e, em seguida, aguarda o seu tempo de back-off. Depois disso, se encontrar o canal livre, inicia o seu processo de transmissão enviando um RTS. O recetor recebe-o e, depois de esperar o tempo SIFS, responde enviando um CTS. Depois de receber o CTS, o remetente envia o seu pacote de dados e, quando o recetor o recebe, envia o aviso de receção enviando um quadro ACK. A transmissão está concluída.

3.5 *Resumo*

Podemos agora resumir os fenómenos básicos que ocorrem num processo de obtenção de acesso. Os passos são os seguintes:

1. O CSMA baseia-se principalmente na deteção do meio; se este estiver inativo depois de aguardar o tempo de espera, a estação que pretende transmitir é autorizada a transmitir; caso contrário, aguarda novamente o tempo de espera, mas desta vez o tempo de espera é aumentado. Continua a proceder desta forma até considerar que o meio está livre.
2. Quando encontra o meio livre, começa a enviar dados e espera pelo quadro ACK do recetor. Se receber o ACK, envia o quadro seguinte.
3. Mas esta metodologia pode apresentar alguns problemas, nomeadamente o problema dos nós ocultos e o problema dos nós expostos.
4. Para ultrapassar este problema, foram introduzidas as estruturas RTS-CTS. Estas estruturas efectuam um aperto de mão bidirecional entre o emissor e o recetor para garantir a eliminação de problemas como o nó oculto e o nó exposto.
5. Para tornar o processo mais dinâmico, existe o Network Allocation Vetor (NAV). O tempo necessário para toda a transmissão de dados é mencionado nos quadros RTS-CTS. As estações que os recebem, definem o seu NAV elevado para esse período de tempo específico. E durante este período de tempo, estas estações não querem iniciar qualquer transmissão, mesmo que o seu physicalCS diga que o canal está inativo .

Capítulo 4

Modelo de perda de trajetória em interiores

4.1 *Perda de trajetória*

Quando uma onda electromagnética se propaga no espaço livre, sofre uma redução da sua densidade de potência devido a diferentes factores. Este facto é conhecido como perda de percurso (ou atenuação de percurso).

É um componente importante na análise e conceção do orçamento de ligação de um sistema de telecomunicações.

Num sistema de comunicação móvel, o canal muda de acordo com o movimento das entidades comunicantes e de outros objectos que têm um efeito sobre os campos electromagnéticos no recetor. Consequentemente, o sinal transmitido tem de enfrentar perdas de percurso enquanto viaja em direção ao recetor.

Assim, antes de efetuar o planeamento da cobertura sem fios em espaços interiores para WLAN, temos de nos concentrar nos modelos de propagação em espaços interiores para avaliar a perda de percurso.

4.2 *Rotas de propagação de sinais sem fios*

Um sinal irradiado de uma antena percorre uma das três rotas:[10]

1. Onda de terra
2. Onda do céu
3. Linha de visão (LOS)

Em frequências superiores a 30 MHz, o LOS é o modo de propagação dominante. Uma vez que a norma 802.11 lida com gamas de frequência de GHz, a propagação LOS é o modo de propagação que interessa às WLAN.

4.3Várias deficiências de transmissão

Num sistema de comunicações, os sinais recebidos diferem do sinal transmitido devido a várias deficiências de transmissão. Tais como:

-Atenuação: A queda na intensidade do sinal, com o aumento da distância entre o transmissor e o recetor, é conhecida como Atenuação.

-Perda de percurso em espaço livre : Em qualquer comunicação sem fios, o sinal se dispersa com a distância. Uma antena recetora receberá menos potência de sinal quanto mais distante estiver da antena transmissora. Partindo do princípio de que todas as fontes de deficiências são anuladas, o sinal transmitido atenua-se com a distância porque o sinal está a ser espalhado por uma área cada vez maior. Esta forma de atenuação é conhecida como perda de trajetória no espaço livre.

-Desvanecimento : O desvanecimento refere-se à flutuação do ganho do canal com o tempo. Num ambiente fixo, o desvanecimento é afetado pelas alterações das condições atmosféricas. Num ambiente móvel em que a antena recetora ou transmissora está em movimento em relação à outra, a localização relativa de vários obstáculos muda com o tempo, causando efeitos de transmissão complexos.

Trata-se de um dos problemas técnicos mais difíceis na conceção de um sistema de comunicação.

-Multipercurso : O multicaminho é definido como um fenómeno de propagação que faz com que os sinais de rádio cheguem à antena recetora por dois ou mais caminhos. O multipercurso é mais proeminente em áreas interiores onde estão presentes muitas superfícies metálicas. O multicaminho é causado pelos seguintes mecanismos de propagação:

- **Reflexão:** A reflexão ocorre quando uma propagação
  A onda electromagnética incide sobre um objeto que tem dimensões muito grandes quando comparadas com o comprimento de onda da onda que se propaga. A reflexão ocorre a partir da superfície da terra e de edifícios e paredes[14].
- **Difração:** A difração ocorre quando o percurso de rádio entre o emissor e o recetor é obstruído por uma superfície de grandes dimensões em relação ao comprimento de onda da onda de rádio. As ondas secundárias resultantes da superfície obstrutiva estão presentes em todo o espaço e mesmo atrás do obstáculo, dando origem a uma curvatura das ondas em torno do obstáculo, mesmo quando não existe um trajeto em linha de vista entre o emissor e o recetor[14].
- **Dispersão:** A dispersão ocorre quando o meio através do qual a onda viaja é constituído por objectos de dimensões reduzidas em relação ao comprimento de onda e quando o número de obstáculos por unidade de volume é elevado. As ondas dispersas são produzidas por

superfícies rugosas, pequenos objectos ou por outras irregularidades no canal[14].

- **Refração:** A refração é definida como uma mudança na direção de uma onda electromagnética resultante de alterações na velocidade de propagação do meio através do qual passa. Por exemplo: A refração pode ocorrer em WLAN devido à presença de janelas de vidro, divisórias, paredes, etc.
- **Ruído**: Em qualquer sistema de transmissão, o sinal recebido consiste no sinal transmitido modificado por várias distorções impostas pelo meio de transmissão, mais sinais adicionais indesejados que são inseridos pelo meio. Estes sinais indesejados são designados por ruído.
- **Absorção atmosférica:** A absorção atmosférica é uma perda adicional devida à presença de diferentes elementos atmosféricos, como o vapor de água e o oxigénio, etc.

4.4 *Modelo de perda de trajetória em interiores*

Antes de implementar a WLAN, é necessário medir a perda de trajetória em diferentes pontos. Os canais interiores dependem muito da colocação de paredes e divisórias no edifício, uma vez que a colocação dessas paredes e divisórias dita o percurso do sinal no interior de um edifício.

Existem numerosos estudos experimentais e teóricos sobre a propagação em espaços interiores que podem ser utilizados para medir a perda de percurso num ambiente interior. Estes modelos podem ser divididos, grosso modo, em dois grupos.

a. **Abordagem de modelação determinística:** Os modelos determinísticos ou semi-determinísticos baseiam-se principalmente na teoria da propagação de ondas electromagnéticas, estando o mais próximo possível dos princípios físicos. No entanto, os modelos determinísticos não são muito populares, uma vez que requerem uma descrição pormenorizada do cenário para previsões sofisticadas e a sua computação é muito morosa[11].

b. **Abordagem de modelação empírica**: Por outro lado, os modelos empíricos e semi-empíricos baseiam-se principalmente em medições representativas processadas estatisticamente. Os modelos empíricos ajudam a reduzir a complexidade computacional, bem como a aumentar a exatidão das previsões. Algumas abordagens de modelização empírica são apresentadas nas subsecções seguintes com breves descrições[11].

4.4.1 Modelo de um declive

O modelo de um declive (1SM) é a maneira mais fácil de calcular o nível médio de sinal dentro de um edifício sem conhecimento detalhado do layout do edifício. A perda de percurso em dB é uma função apenas da distância entre as antenas do transmissor e do recetor:[11]

$$PL(d) = PL0 + 10\, n \log(d)$$

onde,

PL(d) = Perda de trajetória a uma distância d (metros) do transmissor

PL0 = Valor de perda de referência (em dB) para a distância de 1m do transmissor. n = Expoente de perda de trajetória

O valor de n depende muito do tipo de edifício ou da estrutura do ambiente interior, pelo que tem a maior influência na determinação resultante do nível de cobertura do sinal.

Alguns parâmetros empíricos do 1SM são apresentados a seguir como exemplo *[11]*:

Tabela 4.1: Parâmetros empíricos do modelo de um declive[11]

f (GHz)	**Lo (dB)**	**N (-)**	**Comentários**
1.8	33.3	4.0	Escritório
1.8	37.5	2.0	Espaço aberto
1.8	39.2	1.4	Corredor
1.9	38.0	3.5	Edifício de escritórios
1.9	38.0	2.0	Passagem
1.9	38.0	1.3	Corredor
2.45	40.2	4.2	Edifício de escritórios

2.45	40.2	1.2	Corredor
2.45	40.0	3.5	Edifício de escritórios
2.5	40.0	3.7	Edifício de escritórios
5.0	46.4	3.5	Edifício de escritórios
5.25	46.8	4.6	Edifício de escritórios

4.4.2 Modelo de Múltiplas Paredes (MWM)

Este modelo oferece uma precisão muito superior à do 1SM. Os resultados são específicos do local mas, ao mesmo tempo, é necessária uma descrição da planta do piso como entrada. A ideia básica de um MWM é ilustrada a seguir:

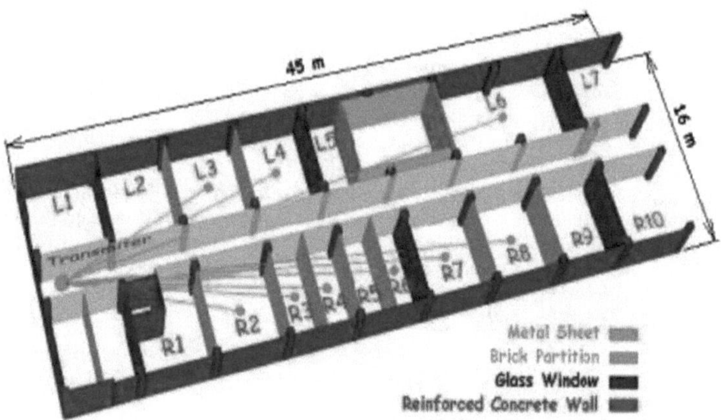

Figura 4.1: Geometria do modelo de paredes múltiplas[11]

A perda de trajetória é dada pela seguinte equação:[11]

$$L_{MW} = L_{FSL}(d) + \sum_{i=1}^{N} (K_{Wi} L_{Wi}) + K_f L_f$$

Onde,

LMW = Perda de trajetória em dB para o modelo de paredes múltiplas

LFSL = Perda de espaço livre em dB para a distância d (metros) entre o transmissor e o recetor. (Na verdade, é uma previsão 1SM com fator de decaimento de potência com n=2,0)

N= Número de tipos de paredes

kwi = Número de paredes do i-ésimo tipo entre o emissor e o recetor

Lwi = Fator de atenuação (em dB) para o i-ésimo tipo de parede

kf = Número de pisos entre o transmissor e o recetor

Lf = Fator de atenuação do piso (em dB)

Alguns parâmetros do MWM são dados a seguir como exemplo: [11]

Tabela 4.2: Parâmetros do modelo de paredes múltiplas

f (GHz)	Li (dB)	L2 (dB)	Lf (dB)	Comentários
1.80	3.4	6.9	18.3	Edifício de escritórios
1.90	2.1	4.4	13.6	Edifício de escritórios

1.90	0.5	4.2		Meio espaço aberto
2.45	5.9	8.0		Edifício de escritórios
2.45	6.0			Edifício de escritórios
2.50	3.4			Paredes secas
5.00	6.5	11.7		Edifício de escritórios

4.4.3 Modelo Keenan Motley

A perda de trajetória neste modelo é dada por [12]

PL (dB)=20 logio [(4nf)/c] + 20 logio (d) + qinWin + qexWex + F n $''^{n+2}$ >'<$^{n+1}$ >
0.46)

Onde,
f = Frequência portadora (Hz)
c = Velocidade da luz (ms-i)
d = Distância entre o transmissor e o recetor (metros)
qin = Número total de paredes interiores entre o emissor e o recetor
Win = Perda na partição (dB) correspondente às paredes internas
qex = Número total de paredes exteriores entre o emissor e o recetor
Wex = Perda na partição (dB) correspondente às paredes exteriores n = Número de pisos que separam o emissor do recetor F = Perda no piso (dB)
dw = Separação mínima das paredes
A lista de parâmetros para o modelo de propagação interior é a seguinte:

Tabela 4.3: Parâmetros do modelo Keenan Motley[12]

Parâmetro	Valor
Ganhar	5 dB
Wex	5 dB
F	18,3 dB
dw	2m
f	2x109 Hz
c	$3x10^8$ m/s

4.5 *Disposição do piso selecionado*

Selecionámos uma disposição arbitrária do piso para calcular a perda de percurso utilizando o modelo Keenan Motley. A disposição do piso é apresentada de seguida:

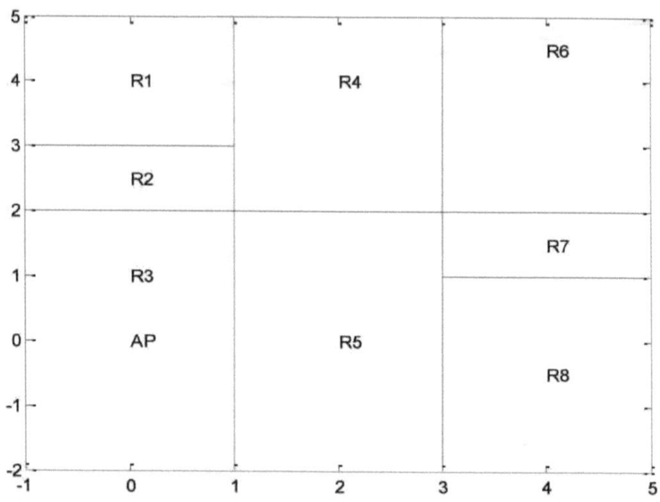

Figura 4.2: Disposição arbitrária do piso.

Foi escrito um código MATLAB para calcular o perfil de perda de trajetória em vários pontos desta disposição. Depois de executar o código, obtivemos o perfil de perda de percurso, como mostra a Figura 4.3.

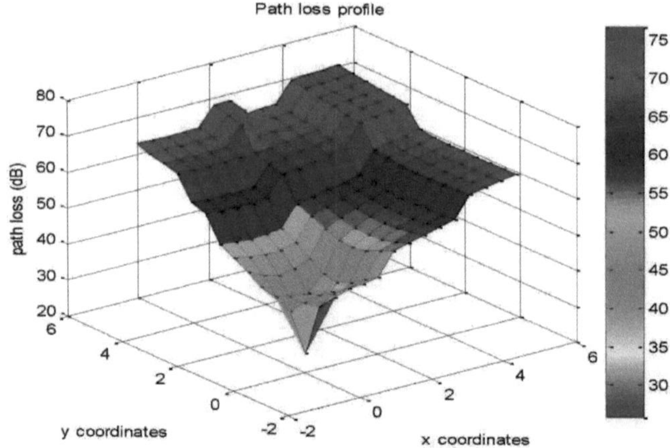

Figura 4.3Perda de percurso calculada

No nosso código, utilizámos a fórmula dada pelo modelo Keenan Motley para calcular a perda de percurso. Agora, se assumirmos uma potência de transmissão (Pt) e conhecermos o valor da perda de percurso (Pl) para um determinado ponto do layout, então podemos facilmente medir a potência recebida (Pr) utilizando a equação:

Pr = Pt - Pl

No nosso código, medimos também um perfil de potência recebida.

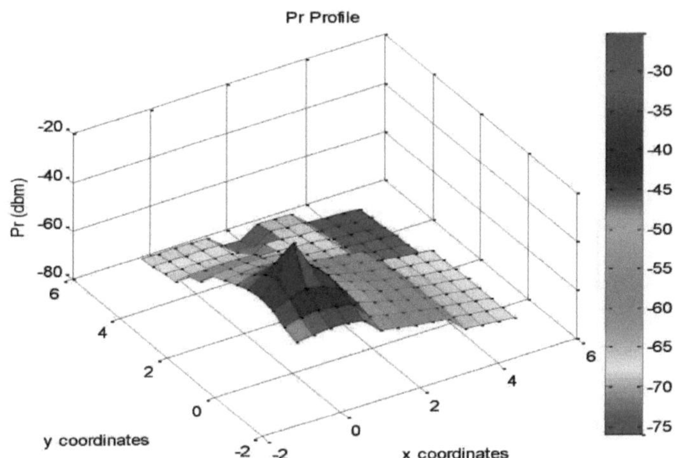

Figura 4.4 Perfil da potência recebida calculada

4.6 *Simulação da perda de percurso e do perfil de potência recebida com um Disposição prática do pavimento*

Escolhemos uma planta da brochura de um apartamento com 1460 pés quadrados. Foi selecionada uma posição adequada para colocar um ponto de acesso (AP) e a coordenada desse ponto foi escolhida como (0, 0).

A imagem da brochura do apartamento é apresentada abaixo:

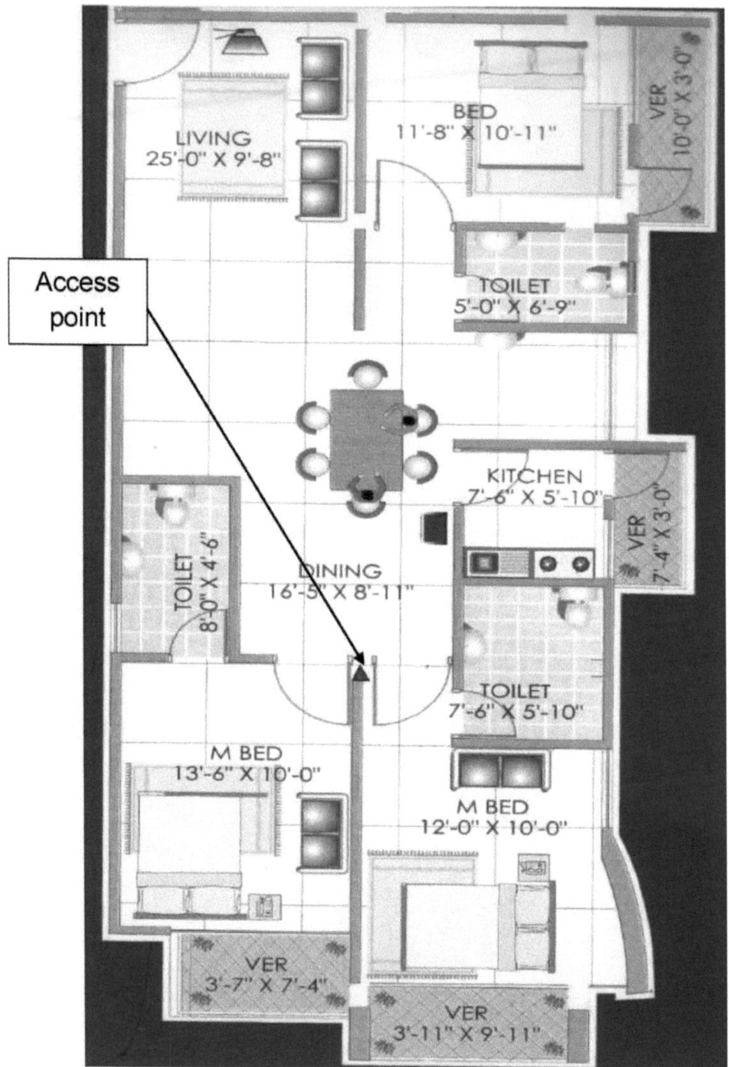

Figura 4.5: Disposição do piso selecionado[13]

A planta selecionada foi esboçada em MATLAB, como mostra a Figura 4.6, que é posteriormente utilizada para calcular o perfil de perda de percurso resultante.

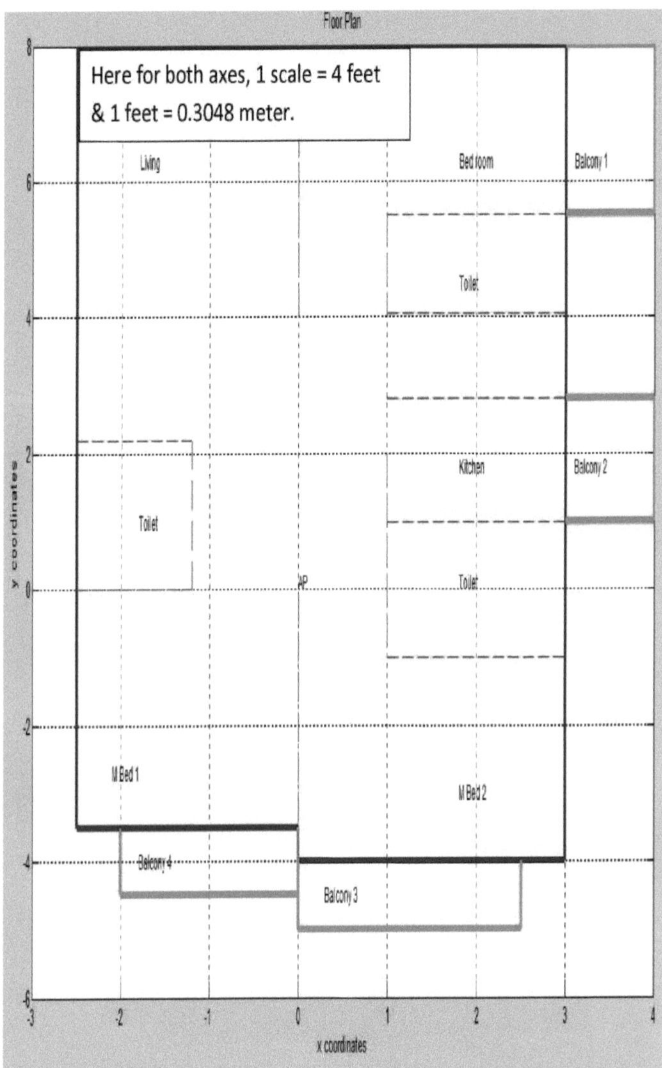

Figura 4.6: Esquema do piso esboçado em MATLAB

O perfil de perda de trajetória derivado é apresentado nas figuras 4.7 e 4.8.

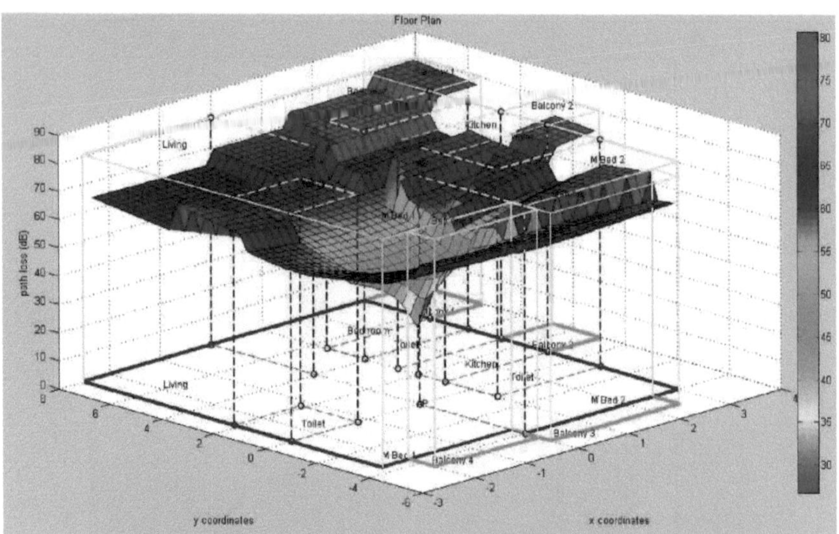

Figura 4.7: Perfil de perda de trajetória calculado

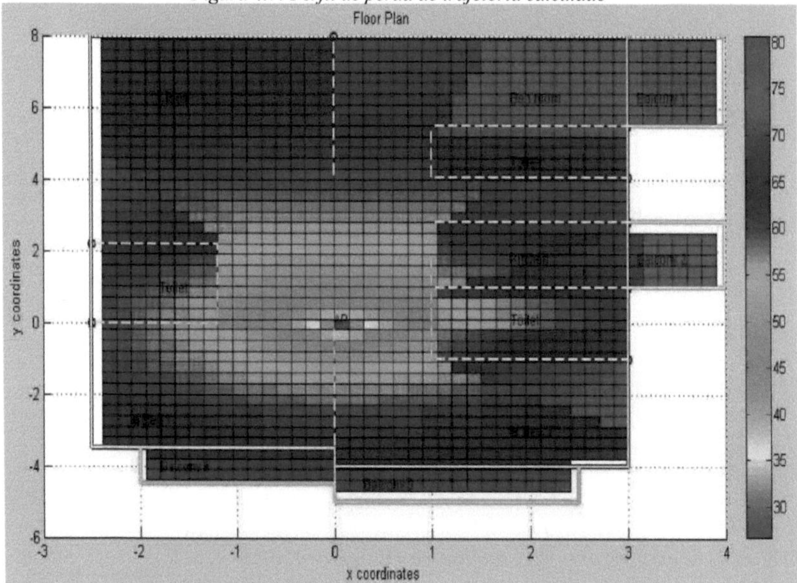

Figura 4.8: Vista superior do perfil de perda de trajetória calculado

O perfil de potência recebida associado é apresentado nas Figuras 4.9 e 4.10.

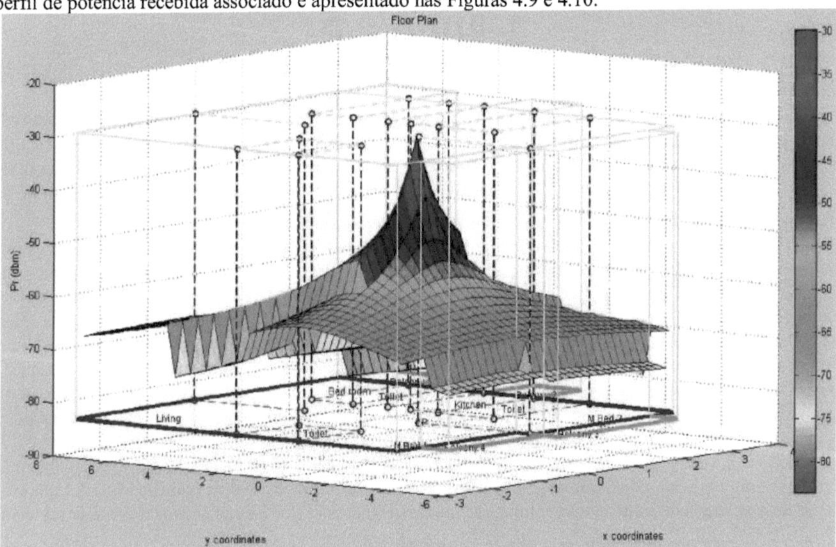

Figura 4.9: Perfil da potência recebida calculada

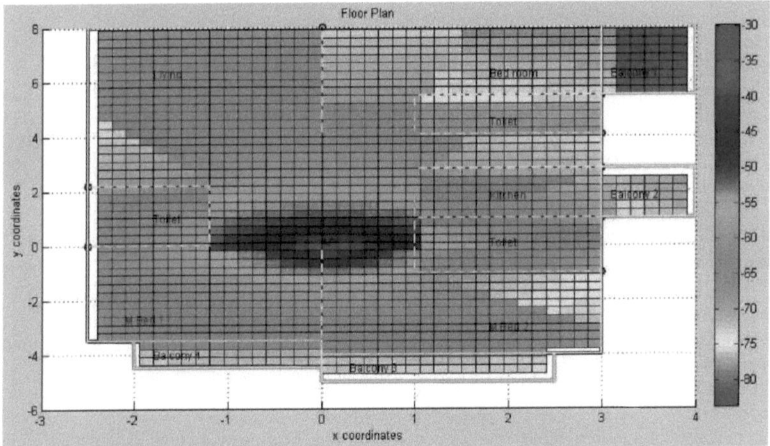

Figura 4.10: Vista superior do perfil da potência recebida calculada

Nota: A potência recebida é calculada assumindo uma potência de transmissão fixa de -3 dBm.

4.7 *Observação*

A partir de uma inspeção atenta da planta baixa (Figura 4.5) e dos perfis associados de perda de percurso (Figura 4.7) e de potência recebida (Figura 4.9), pode observar-se que a perda de percurso é a menor e a potência recebida é a maior nas proximidades do ponto de acesso. O quarto e a sala de estar tendem a situar-se numa região de baixa cobertura. As outras partes do apartamento, incluindo os quartos principais, têm uma melhor cobertura. Para melhorar o nível do sinal recebido na sala de estar e manter um nível satisfatório nos quartos principais, o ponto de acesso pode ser deslocado para o centro da sala de jantar.

Capítulo 5

Controlo da potência de transmissão e adaptação da taxa

5.1 *Introdução*

Como a popularidade das comunicações WLAN está a aumentar de dia para dia, os planos de conceção estão a tornar-se mais sofisticados para garantir um melhor desempenho para os utilizadores. Atualmente, há muitas questões em jogo quando se tenta conceber um sistema de comunicação WLAN. Nesta secção, abordamos duas questões muito importantes, que são o controlo da potência de transmissão (TPC) e a seleção da taxa.

5.2 *Descrição geral do TPC (Controlo da potência de transmissão)*

O controlo da potência de transmissão é uma técnica amplamente utilizada em sistemas sem fios para reduzir o consumo da bateria dos equipamentos móveis e otimizar a capacidade do sistema. Trata-se de uma seleção inteligente da potência de transmissão num sistema de comunicação para obter um bom desempenho. Já sabemos que o sistema de comunicação WLAN inclui um ou mais BSSs juntamente com várias STAs. Assim, uma potência de transmissão adequada é muito importante para lidar com questões como a perda de trajetória e a interferência. A interferência desempenha um papel significativo na decisão sobre uma potência de transmissão adequada num sistema de comunicações. Em certas interfaces aéreas, como as que se baseiam no acesso múltiplo por divisão de código (CDMA), desempenha um papel vital para garantir que o recetor de uma estação de base não seja inundado pelo sinal de um determinado emissor.

Foram propostos vários esquemas de controlo da potência de transmissão (TPC). A principal intenção é minimizar a energia gasta na transmissão e também aumentar a reutilização do canal espacial. A ideia básica é utilizar uma potência de transmissão óptima que seja suficiente para que o sinal chegue ao recetor pretendido.

5.3 *Prós e contras da alteração da potência de transmissão*

Qualquer alteração na potência de transmissão, seja ela aumentada ou diminuída, conduz a alguns factos que não podemos ignorar para garantir uma boa transmissão de dados. Por isso, temos de nos familiarizar com os efeitos que o sistema pode ter com a alteração da potência de transmissão.

O aumento da potência de transmissão dá-nos uma maior potência recebida no lado do recetor. O rácio sinal/ruído (SNR) aumenta e isso conduz a uma menor taxa de erro de bits (BER). Uma SNR mais elevada pode também permitir que um sistema que utilize a adaptação da ligação transmita a uma taxa de dados mais elevada, resultando num sistema com maior eficiência espetral, ou seja, a reutilização de frequências torna-se mais conveniente. Além disso, no ambiente de desvanecimento dos canais sem fios, uma potência de transmissão mais elevada proporciona uma maior proteção contra o desvanecimento do sinal. Consequentemente, a probabilidade de perda de chamadas é menor.

Do lado dos contras, a primeira coisa que acontece é a diminuição da duração da bateria, uma vez que é inevitável um maior consumo de energia. Mais uma vez, há a questão da interferência. Uma potência de transmissão mais elevada provoca interferências em todas as estações que estão a transmitir na mesma banda de frequência.

5.4 *TPC na norma IEEE 802.11*

Na norma WLAN, o TPC é sobretudo mencionado para as normas 802.11a e 802.11h. De facto, a função TPC é suportada por estes dois dispositivos de rede subnormativos. A ideia do mecanismo é reduzir automaticamente a potência de saída de transmissão utilizada quando outras redes se encontram dentro do alcance.

Vamos agora consultar algumas das secções da norma atual para ficarmos com uma ideia geral do TPC.

5.4.1 TPC (Controlo da potência de transmissão)[15]

Os regulamentos de radiocomunicações podem exigir que as redes locais via rádio (RLAN) que operam na banda de 5 GHz utilizem o controlo da potência do transmissor, o que implica a especificação de uma potência de transmissão máxima regulamentar e um requisito de atenuação para cada canal permitido, a fim de reduzir as interferências com os serviços de satélite. O serviço TPC é utilizado para satisfazer este requisito regulamentar.

O serviço TPC prevê o seguinte:

— Associação de STAs com um AP num BSS com base na capacidade de potência das STAs.

— Especificação dos níveis máximos de potência de transmissão regulamentares e locais para o canal atual.

— Seleção de uma potência de transmissão para cada transmissão num canal dentro das restrições impostas pelos requisitos regulamentares.

— Adaptação da potência de transmissão com base numa série de informações, incluindo estimativas da

perda de trajetória e da margem da ligação.
A norma também define dois formatos de quadro que são necessários na inicialização de um processo TPC. Para controlar a potência de transmissão numa rede WLAN, seria útil conhecer estes dois formatos de moldura, pelo que, agora, vamos dar uma vista de olhos a ambos.

5.4.2 Formato do quadro de pedido de TPC [15]

A estrutura TPC Request utiliza o formato do corpo da estrutura Action e é transmitida por uma STA solicitando a outra STA informações sobre potência de transmissão e margem de ligação. O formato do corpo da estrutura de solicitação de TPC é mostrado na Figura 5.1.

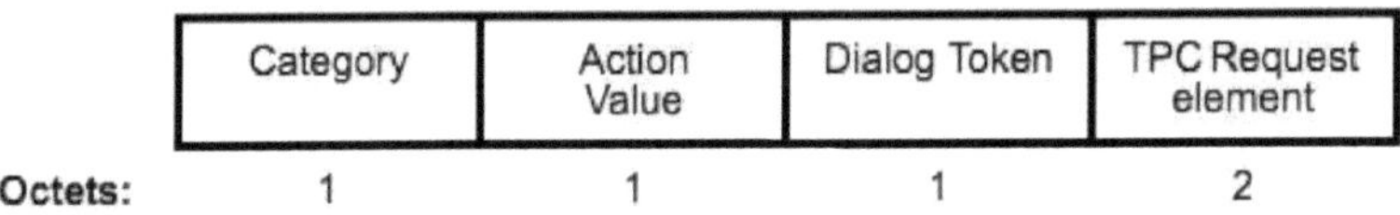

Figura 5.1: Formato do corpo do quadro de pedido de TPC[15]

5.4.3 Formato da estrutura do relatório TPC [15]

O quadro Relatório TPC utiliza o formato do corpo do quadro Ação e é transmitido por uma STA em resposta a um quadro Pedido TPC. O formato do corpo do quadro Relatório TPC é mostrado na Figura 5.2.

	Category	Action Value	Dialog Token	TPC Report element
Octets:	1	1	1	4

Figura 5.2: Formato do corpo do quadro do relatório TPC[15]

Acabámos de ver os dois formatos da atual norma IEEE, que são utilizados no processo de controlo da potência de transmissão.

5. 5Selecção da taxa

Esta é outra questão importante a ter em conta na conceção de um sistema de comunicação WLAN. Nas normas WLAN 802.11, existem várias taxas que os canais podem adotar e estes números diferem para diferentes bandas de frequência. O gráfico abaixo dá-nos uma ideia das taxas de dados utilizadas nas várias subsecções da norma.

Tabela 5.1: Normas WLAN e taxas correspondentes[16].

Protocolo 802.11	**Freq. (GHz)**	**Débito de dados por fluxo (Mbit/s)**
a	5	6, 9, 12, 18, 24, 36, 48, 54
	3.7	
b	2.4	1,2,5.5, 11
g	2.4	6, 9, 12, 18, 24, 36, 48, 54
n	2.4/5	7.2, 14.4, 21.7, 28.9, 43.3, 57.8, 65, 72.2
		15, 30, 45, 60, 90, 120, 135, 150

A utilização de taxas de dados adequadas permite-nos utilizar o espetro de forma eficiente. Mas não se trata apenas de uma questão de seleção. Uma taxa de erro de bits (BER) adequada tem de acompanhar a taxa correspondente para garantir a qualidade da transmissão de dados. Assim, a SNR desempenha um papel vital na seleção de uma taxa de dados elevada. Uma SNR mais elevada dá-nos a opção de selecionar uma taxa de transmissão mais elevada.

5.5.1 Perfil da taxa

No capítulo anterior, vimos o nosso modelo de espaço doméstico onde foi simulado um perfil de perda de percurso. Agora veremos um perfil de taxa de dados para o mesmo projeto.

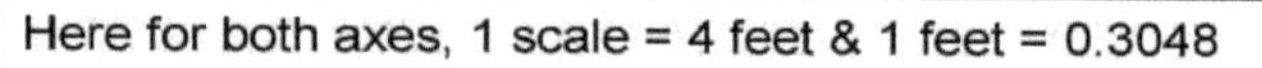

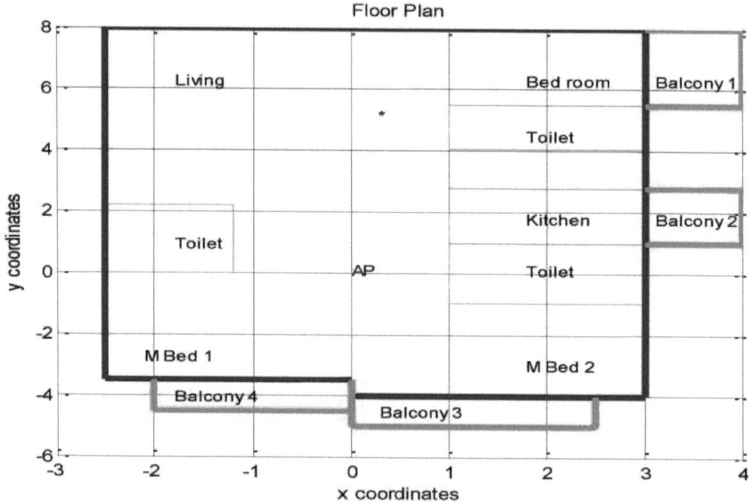

Figura 5.3: Disposição do apartamento em análise. Note-se que a posição do PA é considerada como (0, 0).

5.5.2 Simulação 3D do perfil de taxas para o apartamento

1. **Primeira vista:**

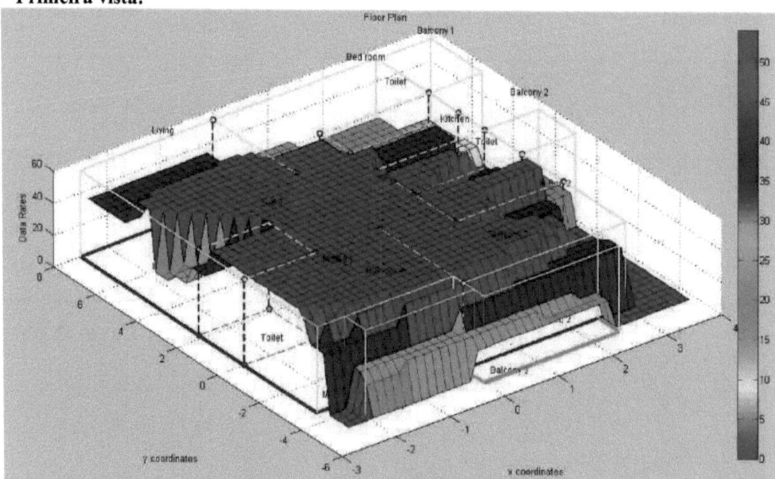

Figura 5.4: Perfil da taxa calculada para o apartamento

2. **Segunda vista (rodando a imagem 180 graus):**

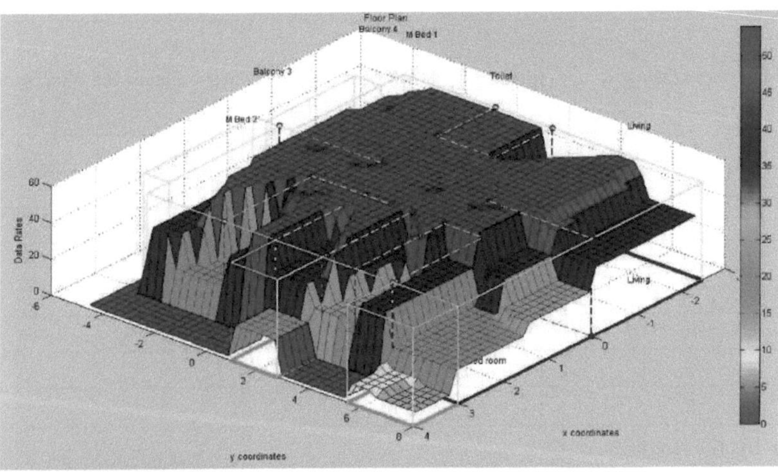

Figura 5.5: Perfil de taxa calculado para o apartamento (rotação de 180 graus)

Aqui a potência de transmissão Pt = -9 dbm.

Podemos ver nas figuras acima as taxas que estão disponíveis para todo o espaço do apartamento. Como esperado, podemos ver que em torno do AP, onde a perda de percurso é muito baixa, a taxa de dados disponível é alta, ou seja, a cor vermelha (54 Mbps). As cores e as taxas correspondentes são apresentadas na barra mostrada ao lado do gráfico 3D.

Esta imagem tem muito significado na conceção da implementação de WLAN. Podemos variar a potência de transmissão do AP e, assim, obteremos uma imagem como esta, que nos ajudará a escolher locais adequados para o posicionamento das estações. E a potência de transmissão também pode ser ajustada se as placas WLAN tiverem essa opção.

5.6 *Alguns parâmetros importantes para a medição dos desempenhos*

É muito importante analisar um sistema antes de o implementar. Quando pensamos em implementar um sistema WLAN, as opções que temos para os nossos objectivos habituais são o 802.11a e o 802.11b. Alguns documentos sugerem que o desempenho do 802.11a é melhor em vários aspectos do que o do 802.11b. Há também quem afirme que o desempenho do 802.11b é mais adequado do que o do 802.11a. Esta é ainda uma questão de debate, uma vez que ambas as partes não podem afirmar que as suas observações são efectuadas mantendo todas as caraterísticas do 802.11a e do 802.11b[17].

Assim, vamos dar uma breve vista de olhos a alguns parâmetros muito importantes que são materiais essenciais para analisar o planeamento de uma WLAN. Para a análise, precisamos de utilizar informações publicadas, dados publicados e os parâmetros de desempenho do sistema prontamente disponíveis na Federal Communications Commission (FCC), na International Telecommunications Union (ITU) e no Institute for Electrical and Electronic Engineers (IEEE).

5.6.1 Potência de transmissão

As normas regulamentares da FCC estabelecem limites máximos de potência transmitida para os sistemas 802.11a em funcionamento nos Estados Unidos. O limite que estabeleceram na banda de 5,15 a 5,25 GHz é de +16,02 dbm e na banda de 5,25 a 5,35 GHz é de +23,01 dbm. O limite superior máximo da potência de transmissão para as transmissões 802.11b é de +30 dbm[17].

5.6.2 Sensibilidade do recetor (Rx)

De acordo com o IEEE, um recetor 802.11b deve ser capaz de detetar um sinal de -76 dbm e desmodulá-lo com uma BER inferior ou igual a 10^{-5} na ausência de interferência de canal adjacente (ACI). Se a ACI estiver presente, o valor da sensibilidade do recetor é especificado em -70 dbm. Em comparação, **a Figura 1** mostra a sensibilidade Rx mínima para várias taxas de dados com e sem ACI para 802.11a.[17]

Tabela 5.2: Sensibilidade do recetor para BER inferior ou igual a 10^{-5}[17]

Modulação (Mbits/s)	Sensibilidade RX dbm (sem ACI)	Sensibilidade RX dbm (com ACI)
54	-65	-62
48	-66	-63
36	-70	-67
24	-74	-71
18	-77	-74
12	-79	-76
9	-81	-78
6	-82	-79

5.6.3 Ruído e interferência

O ruído e as interferências são outra caraterística muito importante. Para um sistema com um único AP, o ruído térmico é a única fonte de ruído. Mas quando temos vários APs ou vários canais adjacentes uns aos outros, surge a interferência de canal adjacente (ACI)[17].

5.6.4 Taxa de erro de bits

Uma medida aceitável para a taxa de erro de bit é aprovada como 10^{-5} . Este pressuposto é estabelecido por várias publicações e dados publicados pela FCC, ITU e IEEE. A partir deste pressuposto, podemos obter uma tabela de valores SINR e as correspondentes taxas de bits óptimas. Para o efeito, utiliza-se o gráfico padrão BER vs. Eb/No.

Abaixo está a figura onde duas tabelas nos dão a lista de valores SNR e as correspondentes taxas de dados óptimas. Uma tabela é para 802.11a e a outra é para 802.11b.

Tabela 5.3: Para BERs inferiores ou iguais a 10^{-5} , existem SNRs mínimas definidas para 802.11a (A) e 802.11b (B) que permitirão atingir as taxas exigidas[17].

A

Taxas (Mbits/s)	Relação sinal-ruído (dB)
54	24.56
48	24.05
36	18.80
24	17.04
18	10.79
12	9.03
9	7.78
6	6.02

B

Taxas (Mbits/s)	Relação sinal-ruído (dB)
11	6.99
5.5	5.98
2	1.59
1	-2.92

Assim, podemos ver que a seleção da potência de transmissão e da taxa de transmissão estão altamente

correlacionadas. De facto, não é conveniente escolher uma taxa de dados mais elevada se já tivermos escolhido uma potência de transmissão baixa.
Para mitigar este problema, tentámos uma abordagem para lidar simultaneamente com ambos os processos, ou seja, TPC e seleção de taxa. No capítulo seguinte, é apresentada a abordagem pormenorizada do esquema proposto, juntamente com os resultados simulados. Para isso, utilizámos a tabela apresentada acima e a abordagem que adoptámos baseia-se na norma 802.11a, que permite a adoção de um maior número de taxas de dados.

5.7 *Exemplo de TPC*

No início deste capítulo, o controlo da potência de transmissão foi discutido brevemente e demos uma vista de olhos às vantagens e desvantagens do TPC, bem como à relação inversa entre o TPC e o controlo da taxa. Agora, é apresentado abaixo um exemplo em que veremos a natureza variável dos sinais de transmissão ao efetuar um controlo da potência de transmissão.

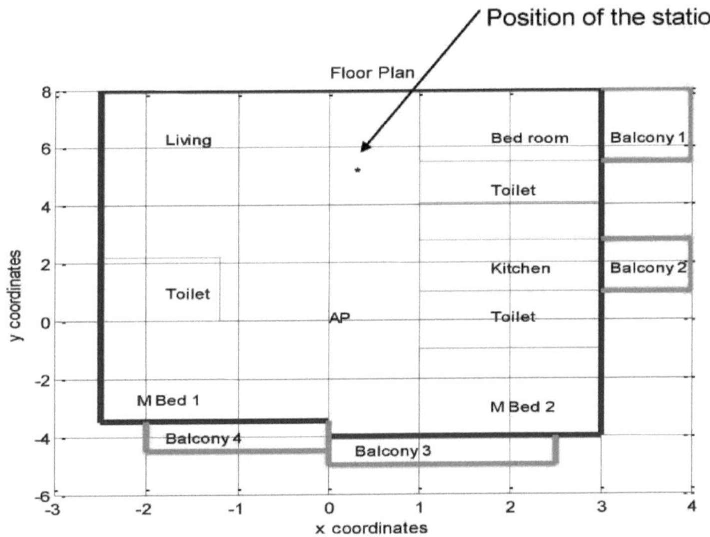

Figura 5.6 Esquema do pavimento esboçado em MATLAB

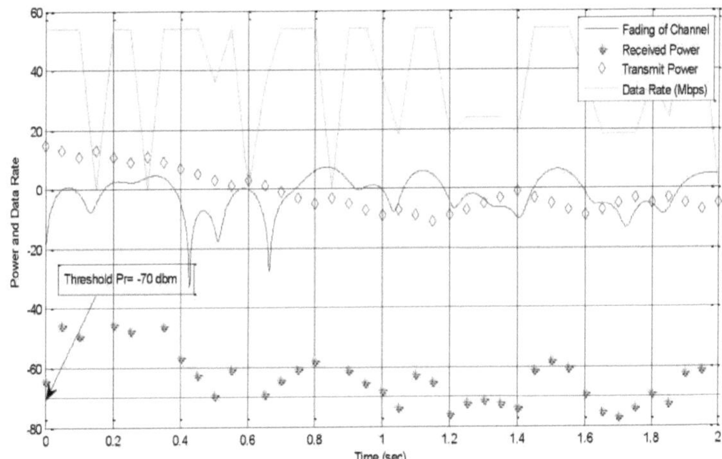

Figura 5.7 Análise no domínio do tempo de diferentes parâmetros para o exemplo TPC

.

Comentário

No gráfico apresentado acima, podemos ver quatro parâmetros que variam em diferentes instantes de tempo. São eles: potência de transmissão, potência recebida, desvanecimento do canal ou ganho de canal com base no modelo de desvanecimento Rayleigh e taxa de dados correspondente à intensidade do sinal recebido.

Neste exemplo, incluímos o efeito do desvanecimento do canal. O desvanecimento é o desvio da atenuação de um sinal portador propagado num canal de comunicação. Para modelar o desvanecimento, utilizámos o modelo de Rayleigh.

Aqui o sinal recebido = Sinal transmitido - perda de percurso + ganho de canal nesse instante específico (o modelo Rayleigh de desvanecimento do canal).

Se a potência recebida medida for superior ao limiar de potência (aqui usámo-lo como -70 dBm), então a estação dá o comando ao AP para diminuir a sua intensidade de sinal por um valor pré-determinado. No nosso código, utilizámos este passo como 2 dB. E se o Pr for inferior ao limiar de potência, o comando é para aumentar a potência de transmissão. No nosso exemplo, fizemos esta simulação durante 2 segundos. Podemos ver que a potência de transmissão está a mudar à medida que o ganho do canal aumenta ou diminui. Por exemplo, no instante de 1,8 segundos, há um aumento da potência de transmissão por um passo, porque nesse instante a Pr (potência recebida) medida torna-se inferior à potência limite, uma vez que o ganho do canal é bastante baixo nesse instante. E depois de aumentar a potência de transmissão por um passo, combinando o efeito do ganho de canal melhorado a 1,85 segundos, vemos que a tendência na potência de transmissão segue o padrão decrescente mais uma vez.

Também pode ser mencionado que o exemplo em que o perfil de perda de trajetória foi apresentado no último capítulo não continha qualquer efeito de desvanecimento do canal. Baseou-se apenas na perda de percurso calculada em todos os pontos do nosso projeto de apartamento, ao passo que, neste exemplo, o utilizador dá a entrada como a localização da estação e temos uma imagem representada na potência de transmissão controlada que é feita considerando o desvanecimento do canal.

Capítulo 6

Gestão cooperativa de tarifas

Existem vários esquemas propostos para técnicas de controlo da potência de transmissão e de adaptação da taxa. E é sempre desejável poder tirar o máximo partido da taxa disponível para um canal e, ao mesmo tempo, utilizar a potência de transmissão óptima para garantir uma transmissão de qualidade a essa taxa específica. Mas, na prática, há vários factores influentes que têm uma importância significativa nestas tomadas de decisão. Os papéis da interferência do canal adjacente e do desvanecimento do canal também devem ser tidos em conta na conceção de um sistema WLAN. Quando uma estação está a comunicar através do seu canal designado num BSS, toda a sua fase de comunicação pode ser alterada ou dificultada em grande medida em resultado de qualquer alteração no ambiente. Por exemplo, uma nova estação pode juntar-se a esse BSS existente e começar a disputar o canal.

Outro cenário é, se uma transmissão for iniciada no BSS vizinho por outra estação e se a nossa estação anterior ou AP puder receber os sinais da transmissão recém-iniciada, então a sua própria transmissão será afetada por esta interferência. A BER será alterada e a qualidade da transmissão será prejudicada. Assim, nestes casos, para garantir uma SINR óptima, a potência de transmissão tem de ser adoptada em conformidade.

É evidente que, num processo de transmissão, a potência de transmissão não deve ser fixada na potência máxima disponível, uma vez que a SINR pretendida para uma determinada taxa de dados do canal pode ser alcançada utilizando uma potência de transmissão muito inferior, se as interferências ou outros problemas que dificultam a qualidade da transmissão forem baixos. Nesse caso, o objetivo é utilizar a potência de transmissão mínima.

Mais uma vez, se uma estação estiver a utilizar menos potência de transmissão do que o seu limite máximo real e a manter um débito de transmissão muito inferior, não será sensato. Porque devemos tentar usar taxas de dados mais altas se elas estiverem disponíveis. Sabemos que existem várias taxas de dados tanto no 802.11a como no 802.11b. As opções que temos para escolher a taxa de dados são em maior número no 802.11a do que no 802.11b. As taxas de dados disponíveis no 802.11a são 54, 48, 36, 24, 18, 9 e 6 (Mbps).

Neste capítulo, veremos alguns cenários para um sistema WLAN de interior e tentaremos analisar esses exemplos de um ponto de vista que tenta fundir os conceitos de controlo da potência de transmissão e de adaptação da taxa, o que nos ajudará a enriquecer a nossa aprendizagem até agora sobre a conceção de uma rede WLAN. Também proporá uma forma de atenuar a distância entre a longevidade da bateria e um sistema eficiente de reutilização espetral.

6.1 *Cenários de teste e o algoritmo de gestão de taxas proposto*

Nos nossos estudos de caso, decidimos dar ênfase à taxa de dados e não ao controlo da potência. Aqui podemos selecionar uma determinada taxa limite e o algoritmo funciona de forma a que a estação tente atingir a taxa limite definida em qualquer situação, depois de calcular as interferências das IBSSs vizinhas. Mas como uma estação tem uma potência máxima de transmissão (que pode variar consoante as placas WLAN disponíveis no mercado), nem sempre é possível atingir a taxa limite. Nesse caso, as estações fixarão a sua taxa na sua potência de transmissão máxima permitida. Nas nossas simulações, assumimos que a potência de transmissão máxima permitida é de 20 dbm.

Para compreender melhor a situação, começaremos por utilizar um exemplo de modelo de 2 zonas. Mais tarde, serão introduzidos os modelos de 3 zonas e de 4 zonas, para que todo o processo seja compreendido de forma mais conveniente.

6.1.1 Caso 1: Duas zonas adjacentes

A figura abaixo representa um sistema que tem dois apartamentos adjacentes um ao outro. Cada apartamento tem o seu próprio BSS com um AP e uma estação (considerámos apenas uma estação como cliente para tornar o sistema mais simples). Designamos os dois BSSs por zona 1 e zona 2. A configuração da rede é apresentada de seguida:

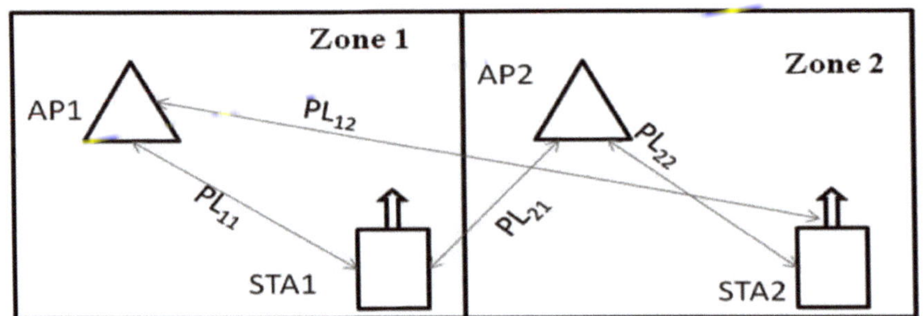

Figura 6.1: A configuração da rede para 2 zonas adjacentes

Parâmetros:

As perdas de percurso foram escolhidas em db como:

PL11=75; PL22=85; PL12=103; PL21=99;

Exemplo 1_a:

Aqui **Limiar de taxa** = 36 Mbps.

Aqui Pt1 = 0 dbm e Pt2 = 1 dbm;

Em que Pt1 e Pt2 são as potências de transmissão utilizadas na zona 1 e na zona 2, respetivamente.

Os resultados simulados são apresentados de seguida:

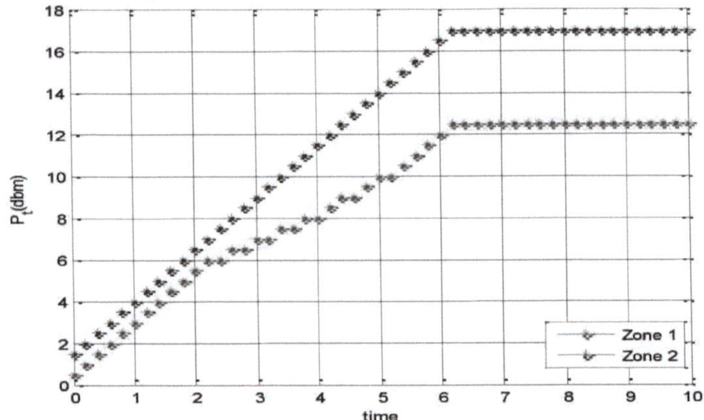

Figura 6.2 Potência de transmissão vs. tempo.

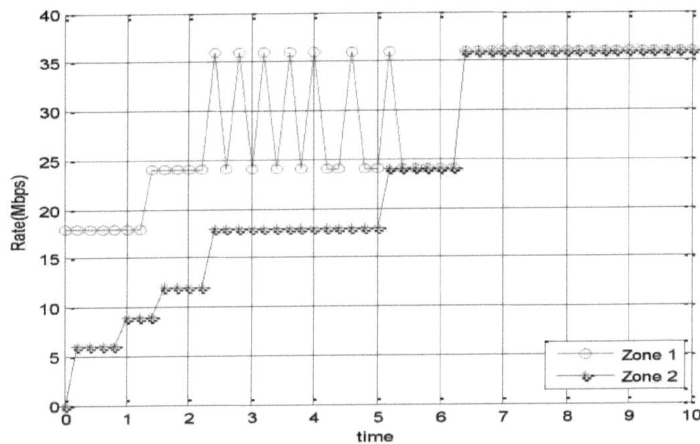

Figura 6.3 *Taxa de dados vs. tempo.*

Comentário

Inicialmente, ambas as potências de transmissão começaram em 0 dbm e 1 dbm. Para os valores de perda de percurso assumidos, as taxas de dados na zona 1 e 2 eram de 18 Mbps e 0 Mbps, respetivamente. Para atingir a taxa limite (36 Mbps), as potências de transmissão em ambas as zonas aumentaram em conformidade. Finalmente, após 6 segundos, ambas as zonas conseguiram atingir a taxa limite, fixando as suas potências de transmissão em cerca de 12 dbm e 18 dbm, respetivamente.

Exemplo 1_b:

Agora, para o mesmo cenário, alterámos alguns parâmetros:

Pt1 = 18 dbm e Pt2 =-10 dbm;

Limiar de velocidade = 36 Mbps.

Os valores de perda de trajetória mantêm-se inalterados.

Os resultados simulados são apresentados:

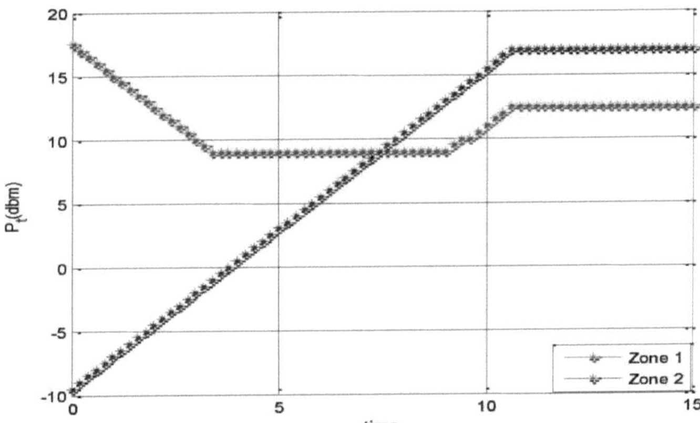

Figura 6.4 Potência de transmissão vs. tempo.

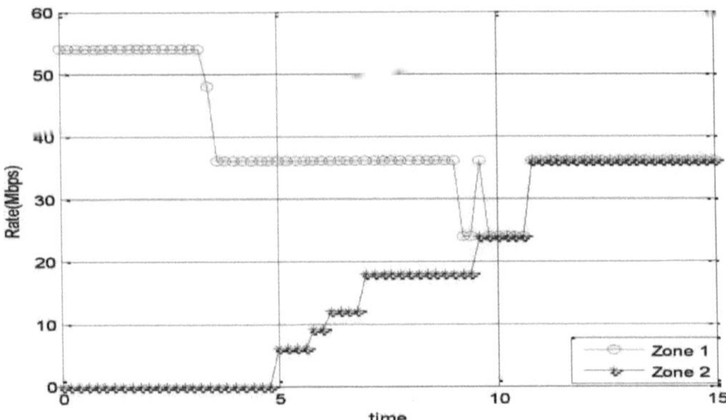

Figura 6.5 Taxa de dados vs. tempo.

Comentário

Para os valores iniciais das potências de transmissão, a zona 1 e a zona 2 tinham taxas de 54 Mbps e 0 Mbps a 0 segundo. Portanto, para atingir a taxa desejada, a zona 1 teve que reduzir sua potência de transmissão, enquanto a zona 2 teve que fazer o oposto. Após 11 segundos, as taxas de ambas as zonas estabilizaram em 36 Mbps.

Pode observar-se que, à medida que a potência de transmissão da zona 1 ia diminuindo, a interferência recebida pela zona 2 ia diminuindo. Após 3 segundos, a zona 1 conseguiu estabilizar a sua potência de transmissão, mas como a zona 2 continuava a aumentar a sua potência de transmissão, a zona 1 estava a ter uma maior interferência. Assim, passados cerca de 9 segundos, a zona 1 teve de aumentar um pouco mais a sua potência de transmissão para compensar as interferências causadas pela zona adjacente, ou seja, a zona 2. Assim, finalmente, após 11 segundos, vemos que a zona 2 conseguiu estabilizar a sua potência de transmissão para 17 dbm, porque a sua taxa correspondente era a taxa limite nesse instante. Ora, se a potência de transmissão da zona 1 não tivesse diminuído, então certamente a zona 2 teria de aumentar a sua potência de transmissão para mais de 17 dbm, de modo a atingir a taxa de 36 Mbps.

Exemplo 1_c:

Neste exemplo, simulámos um novo tipo de cenário. Aqui assumimos que inicialmente ambas as zonas não estão em processo de comunicação, ou seja, quando o tempo = 0, a estação na zona 1 está em transmissão com o seu PA correspondente com Pt1 = 10 dbm, e o PA e a estação da zona 2 estão inactivos. No tempo = 9 segundos, a transmissão na zona 2 é iniciada com uma potência de transmissão inicial = 4 dbm.

Os valores de perda de percurso permanecem os mesmos e **o limiar de taxa** é escolhido como 36 Mbps.

Os resultados simulados são apresentados de seguida:

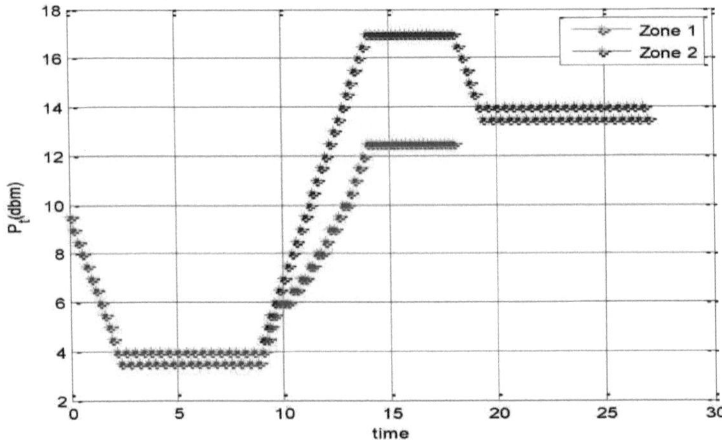

Figura 6.6 Potência de transmissão vs. tempo.

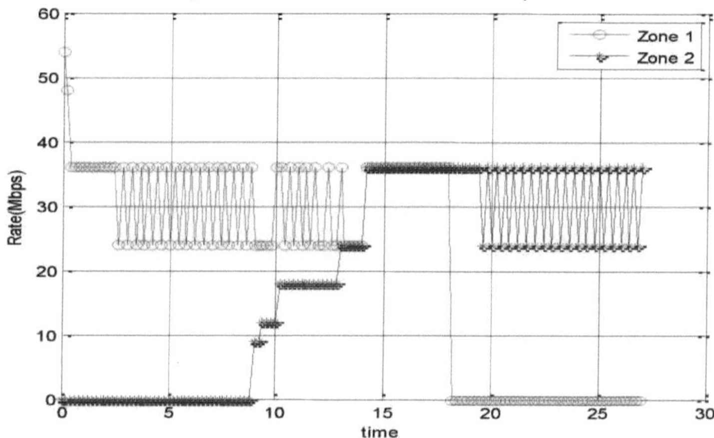

Figura 6.7 Taxa de dados vs. tempo.

Comentário

Neste exemplo, durante os primeiros 9 segundos, o AP da zona 2 estava inativo. Assumimos que o AP estava desligado ou que não havia nenhuma estação nessa zona. Por conseguinte, para a zona 1, a interferência proveniente da zona 2 era nula. Assim, a zona 1 reduziu a sua potência de transmissão para se fixar na taxa limite de 36 Mbps. Aos 9 segundos, a zona 2 entrou em ação e começou a aumentar a sua potência de transmissão em relação ao valor inicial. Aqui, a zona 2 enfrentou interferências desde o início, uma vez que a zona 1 já estava a funcionar com uma determinada potência de transmissão. Agora, a zona 1 também teve de aumentar a sua potência de transmissão para compensar a interferência criada pela zona 1 após 9th segundos. Finalmente, por volta do 14° segundo, ambas as estações foram resolvidas através do aumento das suas potências de transmissão.

Agora, aos 18th segundos, assumimos que a zona 1 parou a sua ação. Como resultado, a interferência da zona 1 para a zona 2 tornou-se subitamente zero. Assim, a zona 2 diminuiu a sua potência de transmissão do valor anterior para um valor mais baixo, uma vez que pode atingir a sua taxa limite com uma potência de transmissão mais baixa do que antes, devido à ausência de interferência da zona 1.

6.1.2Caso 2: Três zonas adjacentes

Agora, se for introduzida outra zona na presença do sistema anterior, a configuração da rede será a seguinte:

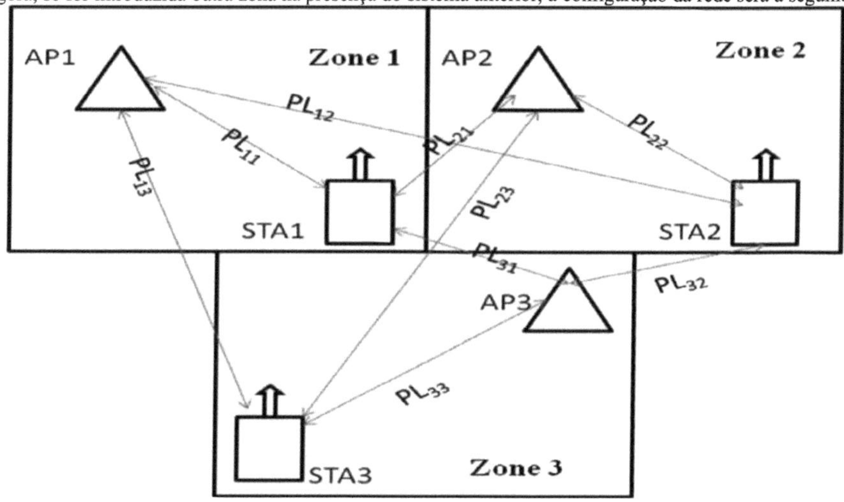

Figura: 6.8: A configuração da rede para três zonas adjacentes.

Parâmetros:

As perdas de percurso foram escolhidas em db como:

PL11=76;	PL22=72; PL12=85; PL21=81;
PL33=55;	PL13=90; PL31=94;
PL23=75;	PL32=63;

Exemplo 2_a:

Limiar de velocidade = 36 Mbps.

Aqui Pt1 = -10 dbm, Pt2 =-30 dbm, Pt3 = -20 dbm;

Em que Pt1, Pt2 e Pt3 são as potências de transmissão utilizadas na zona 1, na zona 2 e na zona 3, respetivamente.

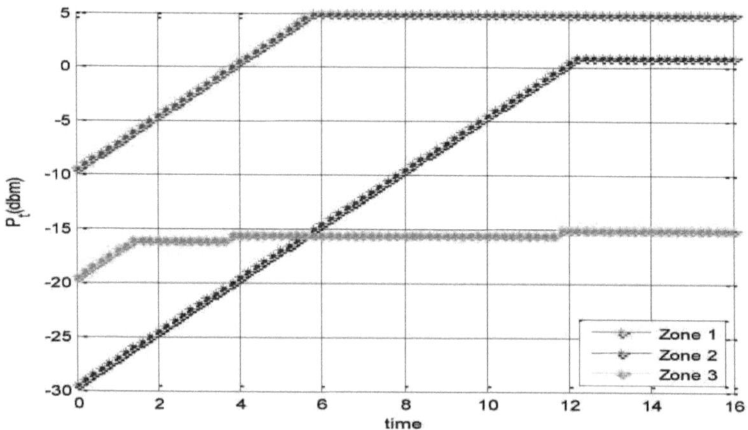

Figura 6.9 Potência de transmissão vs. tempo.

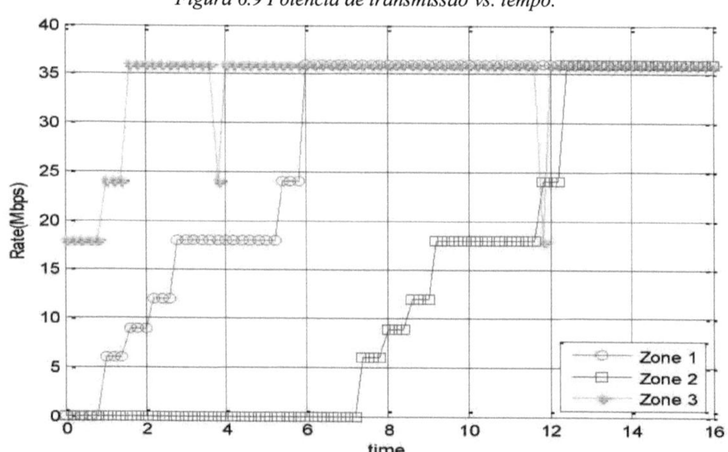

Figura 6.10 *Taxa de dados vs. tempo.*

Comentário

Com o valor das potências de transmissão iniciais, todas as zonas tiveram de aumentar as suas potências de transmissão para atingir a taxa limite. Finalmente, por volta dos 12 segundos, todas as estações estabilizaram em 36 Mbps.

A zona 1 e a zona 2 tinham inicialmente taxas de dados de 0 Mbps. Mas mais tarde as taxas de dados de ambas as zonas aumentaram e acabaram por se fixar na taxa limite

Exemplo 2_b:

Agora, para o mesmo cenário, alterámos alguns parâmetros:

Aqui Ptl = 5 dbm, Pt2 =0 dbm, Pt3 = -5 dbm;

Limiar de velocidade = 48 Mbps.

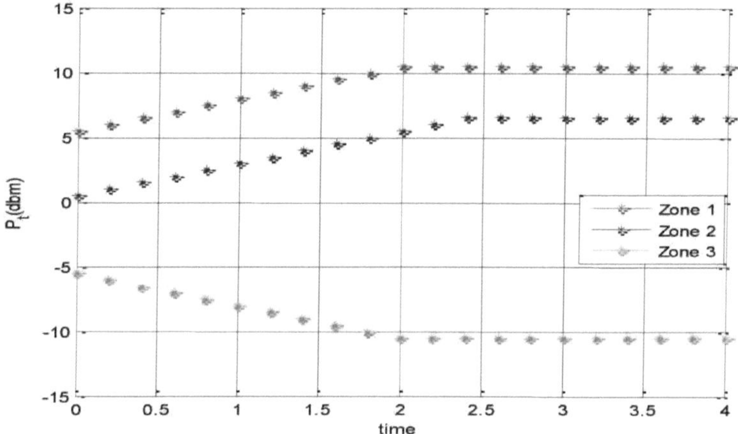

Figura 6.11 Potência de transmissão vs. tempo

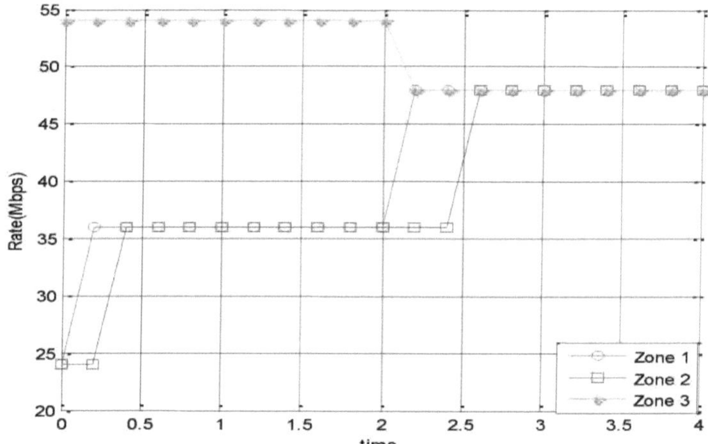

Figura 6.12 Taxa de dados vs. tempo

Comentário

Neste caso, as potências de transmissão da zona 1 e da zona 2 foram aumentadas porque os seus débitos iniciais correspondentes eram muito inferiores ao valor do débito de limiar. Por outro lado, a zona 3 teve de reduzir a sua potência de transmissão para atingir o limiar de 48 Mbps porque o seu débito inicial era superior a 48 Mbps (inicialmente era de 54 Mbps).

Exemplo 2_c:

Agora, alteramos os parâmetros de perda de percurso e a potência de transmissão inicial para todas as zonas. Os valores de perda de trajetória foram escolhidos como:

PL11=76; PL22=95; PL12=85; PL21=81; PL33=55; PL13=90;

PL31=94; PL23=75; PL32=85;

As potências de transmissão foram escolhidas como:

Pt1=5;
Pt2=-1;
Pt3=5;
Rate Threshold=36 Mbps.
Tomámos as novas potências de transmissão bastante próximas umas das outras e os resultados simulados são apresentados abaixo:

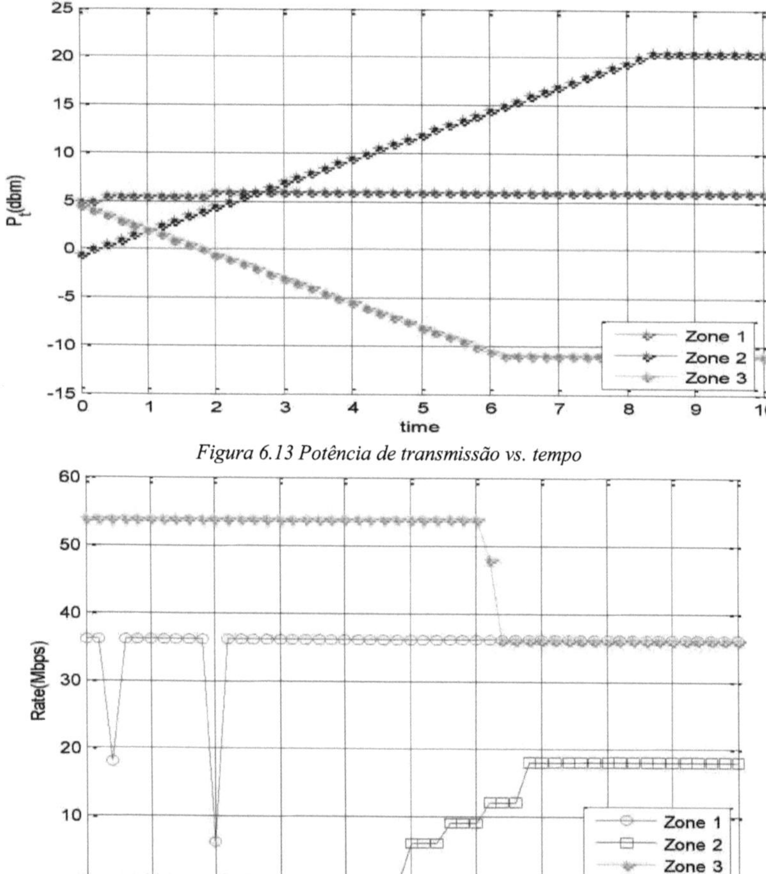

Figura 6.13 Potência de transmissão vs. tempo

Figura 6.14 Taxa de dados vs. tempo

Comentário

Neste caso, o limite de taxa foi escolhido como 36 Mbps. Ao contrário do exemplo anterior, aqui podemos ver que a estação da zona 2 está a aumentar a sua potência de transmissão para atingir a taxa desejada, enquanto a estação da zona 3 está a diminuir a sua potência de transmissão. E a potência de transmissão da zona 1 quase não se alterou, pois apenas teve de manter a sua taxa inicial, que era a taxa limite, ou seja, 36 Mbps.

Mas um fenómeno interessante torna este exemplo digno de nota, pois podemos ver que a potência de transmissão da zona 2 é aumentada, mas finalmente não consegue atingir a taxa de dados pretendida. Porque mesmo que o canal estivesse a utilizar a sua potência de transmissão máxima permitida após 8 segundos, que é de 20 dbm, a taxa de dados não poderia atingir os 36 Mbps devido aos problemas de interferência mais elevados da zona 2. Assim, finalmente esta zona estabiliza a sua taxa nos 18 Mbps.

6.1.3 Caso 3: Quatro zonas adjacentes

Mais uma vez, se for introduzida outra zona na presença do sistema anterior, a configuração da rede será semelhante:

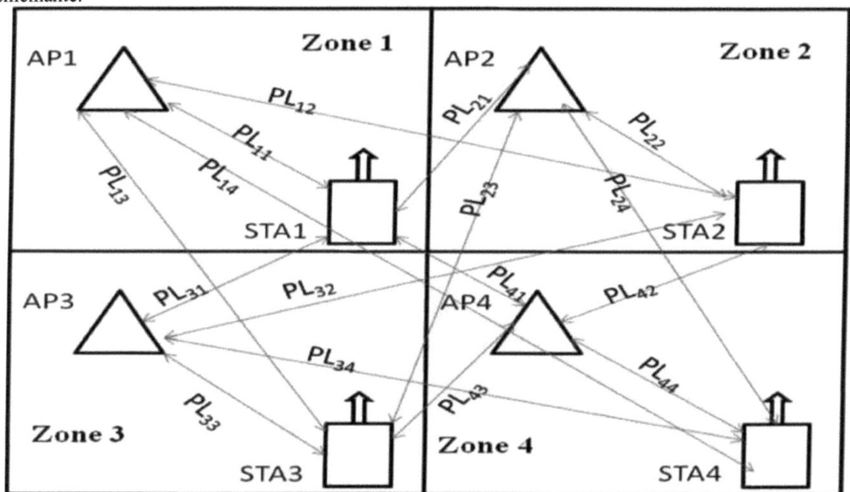

Fig. 6.15: A configuração da rede para quatro zonas adjacentes.

Parâmetros:

As perdas de percurso foram escolhidas em db como:

PL11=75; PL21=103; PL31=100; PL41=109; PL22=79; PL12=100; PL32=99; PL42=111; PL33=85; PL13=90; PL23=94; PL43=108; PL44=84; PL14=103; PL24=112; PL34=103;

Exemplo 3_a:

Limiar de velocidade = 48 Mbps.

Aqui Pt1 = -10 dbm, Pt2 = -5 dbm, Pt3 =4 dbm, Pt4= -15 dbm;

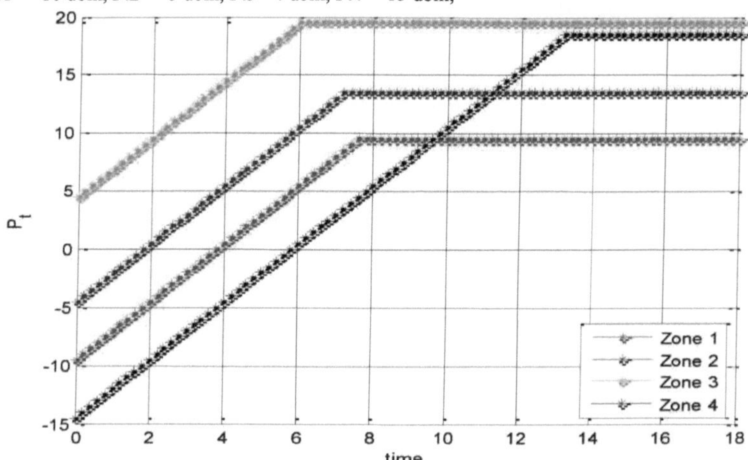

Figura 6.16: Potência de transmissão vs. tempo

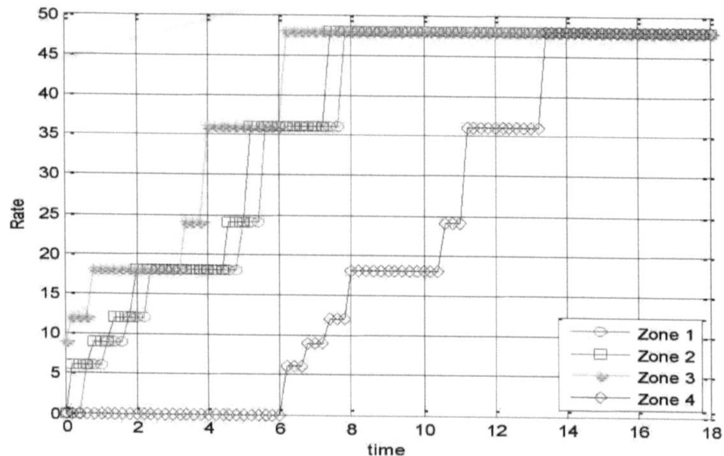

Figura 6.17: Taxa de dados vs. tempo

Comentário

Aqui, todas as zonas tiveram de aumentar a sua potência em relação ao valor inicial definido para obter a taxa limite. A zona 3 atingiu o limiar da taxa no início, uma vez que começou com a potência de transmissão mais elevada de todas as outras. A pior condição neste cenário foi enfrentada pela zona 4. Porque quando as outras 3 zonas estavam a aumentar as suas potências, a interferência global enfrentada pela zona 4 era muito elevada. Como começou com a potência mínima, em comparação com as outras, para atingir a taxa mínima teve de esperar até 6 segundos. Quando as outras estações atingiram a taxa mínima, por volta dos 8 segundos, deixaram de aumentar a sua potência. Mas a zona 4 ainda teve de continuar a aumentar a sua potência para atingir a taxa limite.

Exemplo 3_b:

Agora, para o mesmo cenário, alterámos os parâmetros como:

Aqui Ptl = 13 dbm , Pt2 = 16 dbm, Pt3 = 9 dbm, Pt4= 7 dbm;

Limiar de velocidade = 36 Mbps.

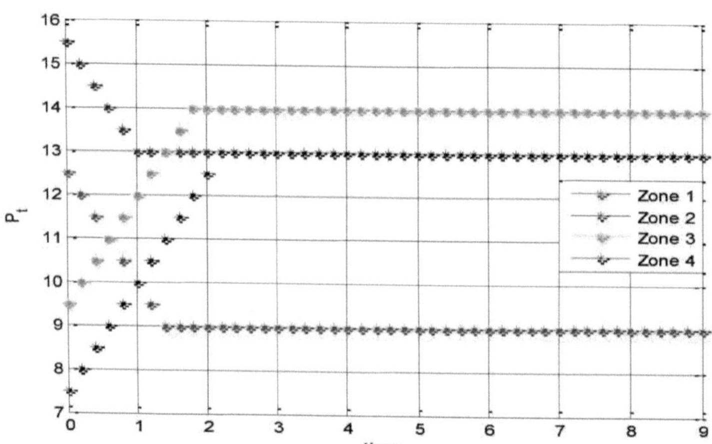

Figura 6.18: Potência de transmissão vs. tempo

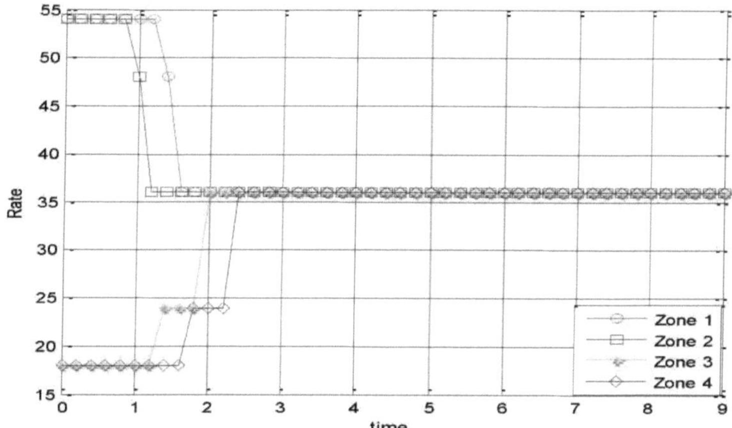

Figura 6.19: Taxa de dados vs. tempo

Comentário

Para obter a taxa de limiar, a zona 1 e a zona 2 tiveram de reduzir a sua potência de transmissão em relação aos valores iniciais, enquanto a zona 3 e a zona 4 tiveram de aumentar a sua potência de transmissão.

Sabemos que, a taxa de dados disponível numa zona depende do SINR (Signal to Interference Noise Ratio) onde,

SINR= [Potência do sinal recebido]/[Potência do ruído + Potência da interferência].

6.1.4 Exemplo de quatro zonas adjacentes com valores práticos de perda de trajetória:

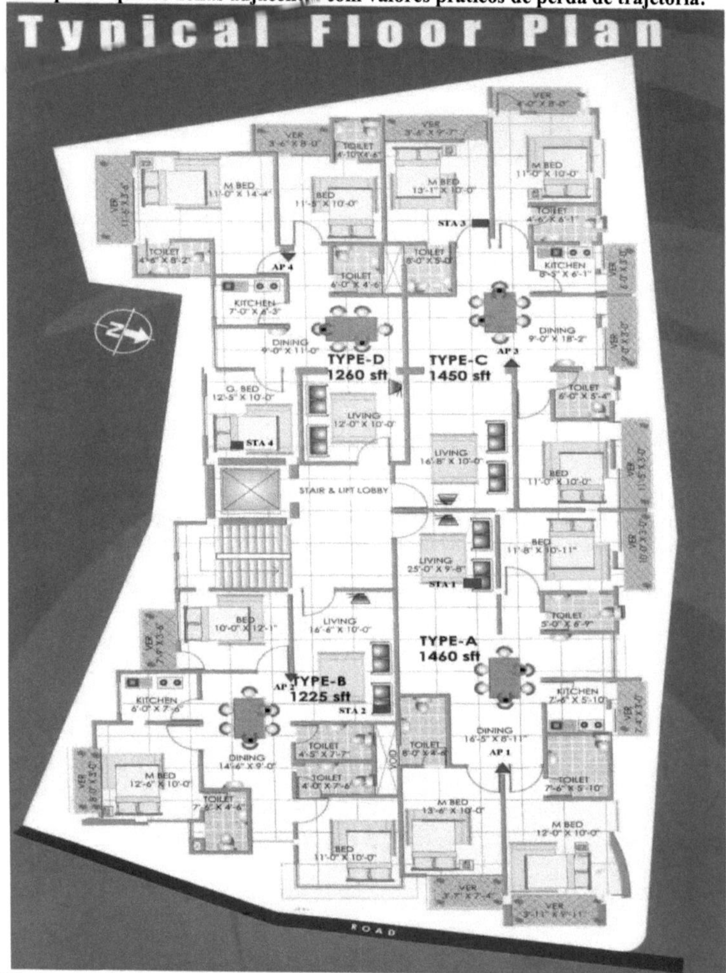

Figura 6.20: Disposição de quatro zonas adjacentes para o cálculo dos valores práticos de perda de trajetória

Neste exemplo, tudo permanece inalterado, exceto os valores de perda de percurso. Pegámos numa planta prática de um apartamento de quatro unidades e posicionámos quatro APs e quatro estações nos apartamentos adjacentes. Assim, é criado um cenário semelhante a quatro zonas adjacentes. Em seguida, utilizando a planta, calculámos todos os valores de perda de percurso para o sistema utilizando a equação do modelo Keenan-Motley, que foi discutido anteriormente no capítulo 4.

O esquema que utilizámos neste exemplo é apresentado abaixo e os APs posicionados e as estações correspondentes são indicados por conveniência.

A potência de transmissão inicial para todas as zonas foi escolhida como 4dbm.

Os valores de perda de percurso calculados são:

PL11=61.72; PL21=65.24; PL31=78.86; PL41=87.78;
PL22=51.88; PL12=78.87; PL32=87.78; PL42=94.74;
PL33=60.04; PL13=86.38; PL23=95.11; PL43=85.04;
PL44=77.59; PL14=104.3; PL24=89.86; PL34=84.19;

Limiar de velocidade = 36 Mbps.

Os resultados simulados são apresentados de seguida:

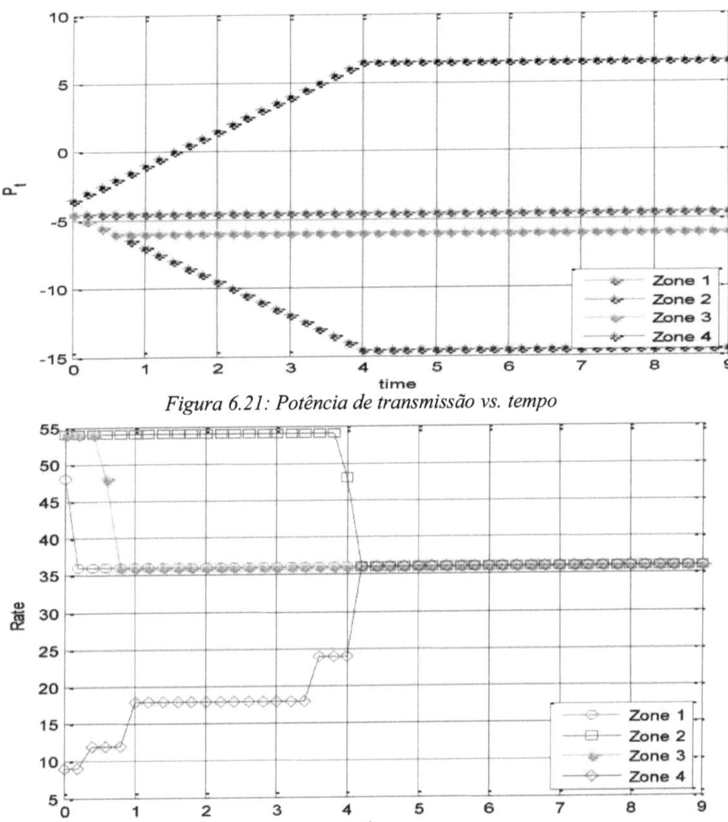

Figura 6.21: Potência de transmissão vs. tempo

Figura 6.22: Taxa de dados vs. tempo

Comentário

Neste caso, assumimos que todas as zonas começam com as mesmas potências de transmissão, ou seja, -4 dbm.

Para atingir o limiar da taxa, a zona 2 e a zona 4 estão a alterar as suas potências de transmissão, diminuindo e aumentando, respetivamente. Por outro lado, a potência de transmissão da zona 1 permanece quase inalterada e a zona 3 diminui um pouco a sua potência de transmissão. Foram necessários cerca de 4 segundos para atingir o limiar da taxa de dados para todas as zonas.

6.2 *Conclusão*

Antes: Nestes casos de zonas próximas, a redução da potência resulta na redução da interferência e, consequentemente, na melhoria do SINR das zonas vizinhas. Quando o SINR das zonas vizinhas tende a aumentar, a interferência da primeira zona aumenta e provoca um SINR fraco. Para ultrapassar esta situação, a zona afetada tem de aumentar a sua potência. Como resultado, as zonas vizinhas enfrentam maior interferência e SINR fraco do que antes. Se esta condição se mantiver, todas as zonas aumentarão gradualmente a sua potência de transmissão até ao nível máximo. O resultado será a interferência máxima nas zonas vizinhas. Finalmente, verificar-se-á que todas as zonas estão a utilizar as suas potências máximas para compensar a interferência criada pelos seus vizinhos.

Depois: Para ultrapassar este problema, podemos definir uma taxa limite. Cada zona tentará atingir essa taxa limite, aumentando ou diminuindo os seus níveis de potência. Desta forma, podemos travar a interferência criada pelas zonas vizinhas.

Capítulo 7

TPC com conjunto de antenas

7.1 *Conjunto de antenas*

Para efeitos de comunicação ponto-a-ponto, os feixes de antena altamente diretivos são essenciais. Este feixe direcional é construído através da disposição de vários radiadores elementares numa matriz.
A directividade de uma antena é um parâmetro muito importante. O ganho aumenta se a directividade de uma antena aumentar. Na extremidade recetora de uma ligação de comunicação, o aumento da directividade garante ao recetor menos interferências do ambiente do sinal. Outra caraterística é que se o ganho no lado do recetor for aumentado dez vezes, isso significa que a potência de transmissão pode ser reduzida em dez vezes[18].
Um conjunto linear é formado quando as antenas são dispostas em linha reta. Existem mais tipos de agregados de antenas para além do agregado linear. Por exemplo: matrizes circulares, matrizes planas rectangulares, etc. Como no nosso caso utilizámos uma matriz linear, vamos familiarizar-nos com alguns conceitos de matriz linear.
Existem alguns parâmetros básicos de antena para arranjos de matriz, ou seja, padrão de radiação, fator de matriz, eficiência da antena, lóbulo principal, lóbulos laterais, ganho de diretiva, directividade, ganho de antena, potência de radiação isotrópica efectiva, abertura efectiva, etc. Entre eles, vejamos alguns parâmetros que serão úteis para compreender o nosso estudo de caso.

7.1.1 Padrão de radiação

A distribuição relativa da potência de radiação em função da direção no espaço é designada por padrão de radiação de uma antena[18].

7.1.2 Fator de matriz

O fator de matriz representa o padrão de radiação de campo distante de uma matriz de elementos que irradiam isotropicamente. O fator de matriz é indicado por F(^, 0). Este fator também depende de K, em que K é o número de elementos da antena.

Aqui ^ e 0 representam o ângulo de azimute e o ângulo de elevação no espaço, respetivamente[18].

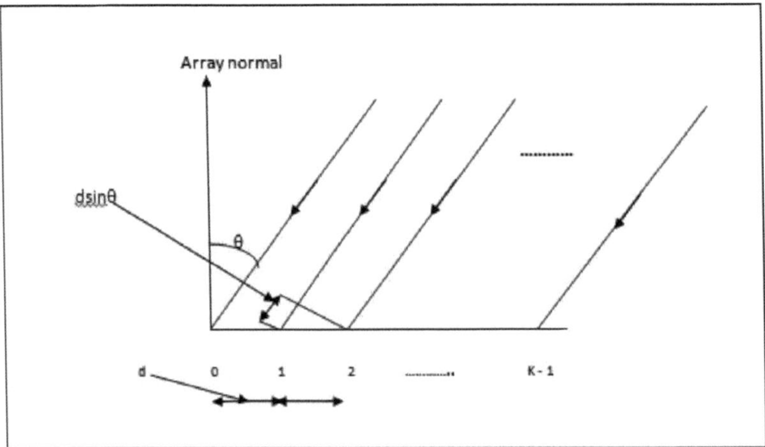

***Figura** 7.1: Uma matriz linear uniformemente espaçada[18]*

7.1.3 Feixe linear

Como mostra a figura 7.1, K elementos isotrópicos idênticos são utilizados para construir uma matriz linear. Aqui Vk é o peso complexo das antenas com k = 0, 1,, K-1. E o espaçamento entre elementos é denotado por d.
Para o sistema de matriz linear, o fator de matriz é denotado por:

$$F(\theta) = \sum_{k=0}^{K-1} \left(e^{\frac{jk2\pi d \sin(\theta)}{\lambda}} \right)$$

K representa o número de elementos da antena.

A equação mostra claramente que o valor máximo de ganho será obtido em 0 = n * *n*. Aqui n = 0, 1,2

O ganho máximo significa que o feixe da antena foi direcionado para a fonte de onda.

Simulámos o padrão de ganho no MATLAB com base na equação acima apresentada. O padrão de ganho de um conjunto linear de oito elementos é apresentado na figura 7.2, em que o feixe da antena é orientado na direção do furo da antena.

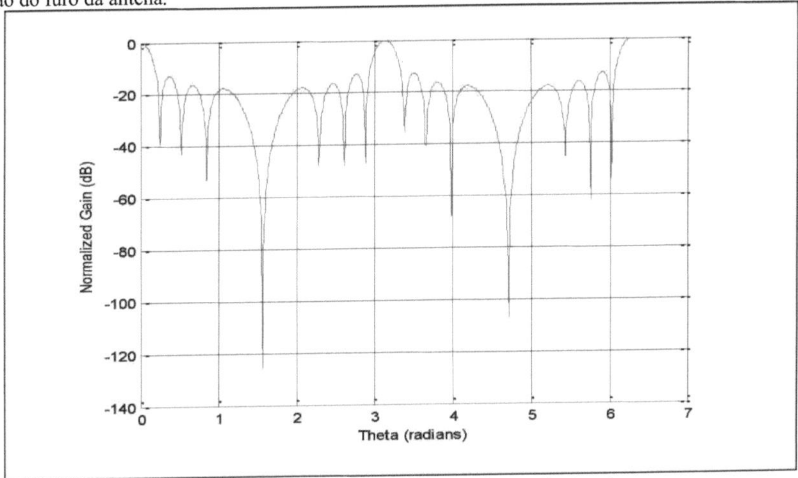

Figura 7.2: Padrão de feixe de uma matriz linear de oito elementos

Na Figura 7.2, o padrão de ganho é simulado com base na equação de F(0) mencionada acima. O eixo x varia de 0 a 2n e o ganho correspondente (normalizado) em db é desenhado no eixo y.

Podemos ver que o ganho máximo é obtido em theta = 0,n e 2n. A direção do conjunto de antenas é posicionada de forma a que os lóbulos que contêm o ganho máximo sejam utilizados para garantir um ganho mais elevado para as estações pretendidas.

7.2 *Controlo da potência de transmissão com antenas diretivas*

No capítulo anterior, vimos alguns exemplos de TPC juntamente com adaptação de taxa. Nesses exemplos, vimos que as potências de transmissão dos APs estavam a ser estabilizadas assim que os canais obtinham o limiar da taxa.

Se pudermos introduzir as antenas direcionais nesses casos, será possível poupar uma quantidade significativa de potência de transmissão. Para isso, o posicionamento das antenas está a ser feito de forma a que o ganho seja máximo ou próximo do máximo.

Consideremos o cenário de caso de duas zonas que foi considerado anteriormente no capítulo 6. A configuração da rede é a seguinte:

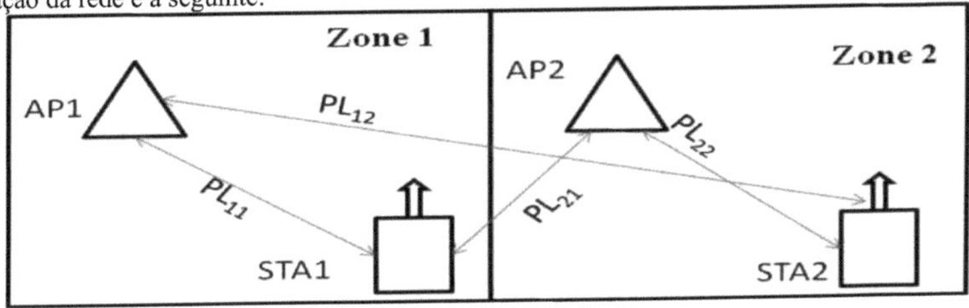

Figura 7.3: Configuração de rede para 2 zonas.

7.2.1 Sem feixe de antenas

Antes de introduzir o conjunto de antenas, considerámos as antenas omnidireccionais e não incluímos o efeito dos ganhos das antenas.

Antes de introduzir o conjunto de antenas, vejamos um exemplo de controlo da potência de transmissão com base na teoria discutida no capítulo anterior.

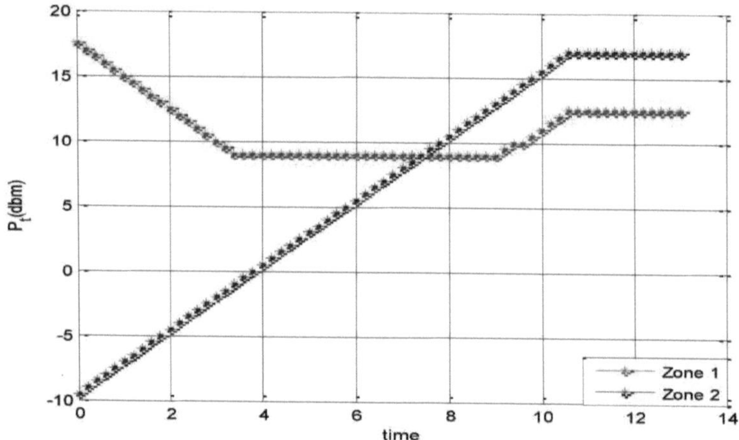

Figura 7.4 Potência de transmissão versus tempo (sem conjunto de antenas)).

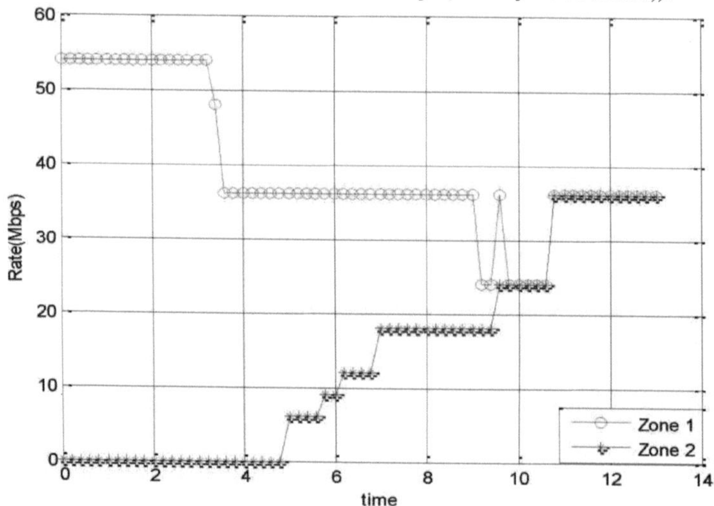

Figura 7.5 Taxa de dados versus tempo (sem conjunto de antenas).

Aqui, Pt1=18 dbm; Pt2=-10 dbm;

Aqui pt1 e pt2 são as potências de transmissão de AP1 e AP2, respetivamente.

Limiar de velocidade = 36 Mbps.

Comentário

No exemplo, vemos que as potências de transmissão do AP1 e do AP2 se estabilizam após 10 segundos em 13 dbm e 17 dbm, respetivamente, quando a taxa limite é atingida em ambas as zonas.

7.2.2 Com feixe de antenas

Para introduzir os efeitos das antenas diretivas e os ganhos da antena, é necessário modificar alguns

parâmetros. As alterações são apresentadas de seguida:
Gtmax = O ganho máximo de transmissão da antena do PA.
Grmax = O ganho máximo de receção da antena da estação.
Gtx(0) = Ganho da antena transmissora que varia em função do ângulo de elevação 0.
Grx(0) = Ganho da antena de receção que varia em função do ângulo de elevação 0.

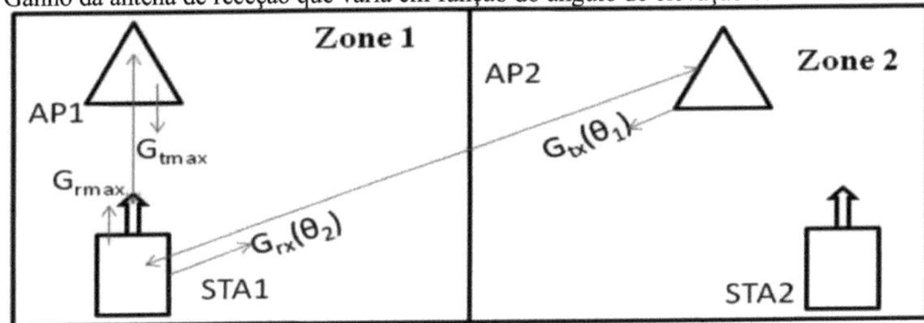

Figura 7.6: Configuração da rede mostrando os ganhos da antena.

Pt1=Pt1,old
Pt2⁼ Pt2,old
Em geral, a potência de transmissão de um AP é,
Ptnew = Pt,oid + Gtx (0) [em dbm]
E para a estação 1 na zona 1, a potência de transmissão do AP é,
Pt1,novo = Pt1,antigo + Gtmax
A potência recebida na estação 1 é,

$P\ 1_{r,new} = P\ 1_{r,o}\, ld + Gt_{max} + G_{rmax}$ [em dbm]
= (Pt1,old- PL) + Gtmax+ Grmax [PL = perda de trajetória]
= Pt1,old⁺ Gtmax⁺ Grmax⁻ PL

Cálculo de interferências:
Como existe uma zona adjacente, a estação da zona 1 receberá sinais do AP2 da zona 2 e este sinal será o seu sinal de interferência.

Interferência = $P_{,t2new}$ - PL +G_{tx} (61) + G_{rx} (02). [em dbm]
Agora, para o mesmo cenário, ou seja, mantendo as potências de transmissão iniciais e o limiar de taxa iguais, simulamos o exemplo e os resultados obtidos são apresentados abaixo:

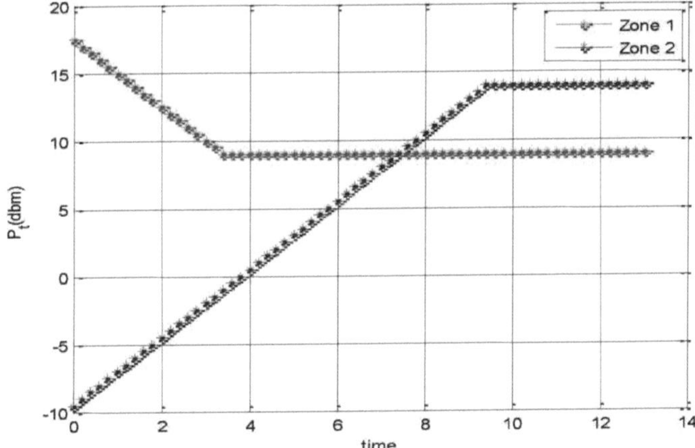

Figura 7.7 Potência de transmissão em função do tempo (com um conjunto de antenas).

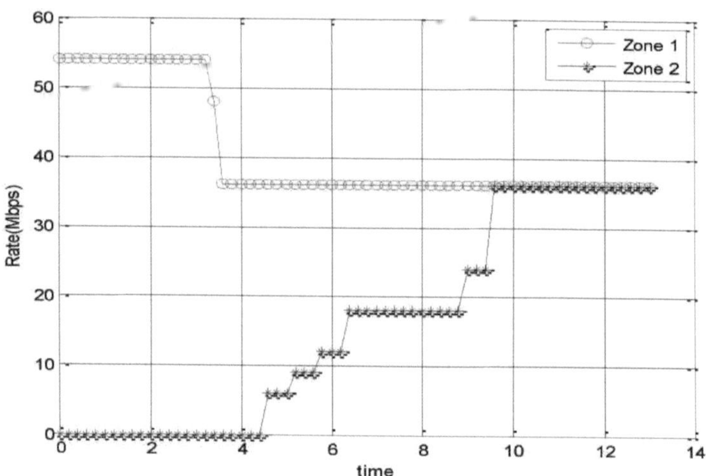

Figura 7.8 Taxa de dados versus tempo (com conjunto de antenas).

Comentário

Pode observar-se que os resultados simulados são bastante diferentes dos do exemplo sem conjunto de antenas. As potências de transmissão finais do AP1 e do AP2 (depois de convergirem para a taxa limite) são agora de 9 dbm e 14 dbm, respetivamente. Assim, é evidente que é possível melhorar a potência de transmissão em cerca de 3 a 4 dB para cada AP.

Assumimos que os APs têm uma antena inteligente, que detecta constantemente a estação de serviço e garante o máximo ganho de antena para essa estação. Como resultado, um AP de serviço tem uma contribuição muito pequena de interferência para as suas zonas vizinhas e as zonas vizinhas também implementam a mesma técnica.

7.3 *Nota*

Uma consideração importante tem de ser mantida para esta implementação específica de antenas diretivas. É claro que estamos a utilizar feixes direcionais para garantir uma melhor SINR para o recetor desejado no link de comunicação, bem como para reduzir a quota de interferência do transmissor nos seus canais vizinhos. Também discutimos o handshaking RTS-CTS no capítulo 3 das Metodologias de Acesso, onde foi descrito que este handshaking em particular é responsável pela redução de problemas como o problema do nó escondido e o problema do nó exposto. Nesse caso, a utilização de antenas omnidireccionais garante que todas as estações do BSS recebem estas frames (i.e. RTS e CTS) e colocam os seus correspondentes vectores NAV elevados durante o período de tempo mencionado nas frames RTS e/ou CTS.

Mas, neste caso, em que estamos a utilizar conjuntos de antenas direcionais, a vantagem do handshaking RTS-CTS não estará disponível se houver mais do que uma estação no BSS. Em um BSS que contém mais de uma estação junto com um AP, as antenas direcionais dificultarão o alcance dos quadros RTS-CTS para todas as estações que estão atualmente conectadas nesse BSS específico. Este é um desafio da utilização de antenas direcionais durante o controlo da potência de transmissão na nossa técnica proposta.

Mas o método funcionará corretamente se o BSS contiver apenas uma estação e um AP.

7.4 *Conclusão*

Neste capítulo, discutimos o conjunto de antenas, que é utilizado principalmente para produzir um sinal direcional para uma ligação de comunicação. Utilizámos o conjunto de antenas nos exemplos anteriormente apresentados e verificámos que é possível poupar uma quantidade significativa de potência de transmissão. Pode ser uma ferramenta muito importante para aumentar a duração da bateria das antenas utilizadas nas comunicações sem fios.

Conclusão

Neste livro, tentámos analisar minuciosamente o planeamento da cobertura de uma rede local sem fios, especialmente para fins interiores. Para tal, partimos dos conceitos básicos de uma rede WLAN, fornecendo pormenores da norma definida para a comunicação sem fios, a norma IEEE 802.11, e explorámos ainda os factores essenciais que têm uma influência significativa no desempenho da rede, como o controlo da potência de transmissão e a técnica de adaptação da taxa. Simulámos perfis de alguns parâmetros importantes, como o perfil da taxa, o perfil da perda de percurso, o perfil da potência recebida, etc. Além disso, para uma determinada conceção de apartamento, simulámos alguns cenários que descrevem o controlo da potência de transmissão, mantendo um limiar de taxa de dados determinado pelo utilizador. No capítulo final, simulámos alguns cenários com a utilização de antenas direcionais para um BSS que contém apenas uma estação com um AP e o resultado indicou uma poupança significativa de potência de transmissão, bem como uma redução da interferência.

Acreditamos que os materiais abordados neste livro podem ser úteis para entender os conceitos básicos e fundamentais do projeto de LAN sem fio. Os perfis de diferentes parâmetros de conceção podem desempenhar um papel vital na análise de uma configuração de rede. O esquema de controlo de potência de transmissão discutido, juntamente com a antena diretiva, mantendo uma taxa de dados limite, pode ter um impacto significativo na implementação da rede.

Uma vez que os conceitos básicos de WLAN foram apresentados neste livro de uma forma relativamente simples e fácil, esperamos que este livro possa ser de alguma ajuda para os aspirantes a indivíduos que pretendem trabalhar e estudar mais sobre a aplicação de WLAN.

Referências

http://docs.google.com/viewer?a=v&q=cache:We90N0IRtiIJ:www.qsl.ne
t/n9zia/wireless/pdf/802.11.pdf+802.11+pdf+bridgecom&hl=en&pid=bl& srcid=ADGEESj-
bFVS7fzrT2NDT13uUhIh2AKBfarmokG4AqOj7HWynS3PACJLT3IA7C
S8jqLSOehkUeEfkLwaKcBNPZ0UebBVaBCqUqunjAv3 thvhLDK xYZv R3OTaawj0zFMplT
t9MJu4 &sig=AHIEtbSHKB8EAOZcKnqrTOy7RPq 6bvVMZg
http://en.wikipedia.org/wiki/802.11
http://en.wikipedia.org/wiki/List de canais WLAN
http://en.wikipedia.org/wiki/IEEE 802.11b- 1999#Canais e frequências
http://en.wikipedia.org/wiki/MAC layer
Tutoriais.... 802.11 MAC Layer Defined By Jim Geier ; (http://www.wi-
fiplanet.com/tutorials/article.php/1216351/80211 -MAC-Layer- Defined.htm)
http://www.zytrax.com/tech/wireless/802 mac.htm
http://docs.google.com/viewer?a=v&q=cache:ic9DSINgRjUJ:www.cs.pu
rdue.edu/homes/park/cs536-wireless-
3.pdf+%E2%80%9C+cs536+wireless+3.pdf&hl=pt&pid=bl&srcid=ADG
EESjHeCqVfKqf4AH4jXm54jYFqzFntPFdqvGx1rz3Jn93sfiYDCASBvIIm
GumUZhwFK4RLEC-
97158izacmamXAKonRyaTokCVh221qLBt4oUtwc7yDI8 wKlyzLHCvcT
8VnBzrAc&sig=AHIEtbSOIc9zqm0LhicVZqzZJs5qbGZxSg
http://en.wikipedia.org/wiki/Carrier acesso múltiplo sensorial com prevenção de colisões
MODELAÇÃO DA PROPAGAÇÃO INTERIOR A 2,4 GHZ PARA O IEEE
REDES 802.11; Dinesh Tummala, B.S. UNIVERSIDADE DO NORTE DO TEXAS.
Conceção de redes LAN sem fios:
Estudo do local ou modelação da propagação?
Stanislav ZVANOVEC1, *Pavel* PECHAC1, *Martin* KLEPAL2
Departamento de Campo Eletromagnético, Universidade Técnica Checa, Technicka 2, 166 27 Praha, República Checa
Adaptive Wireless Systems, Instituto de Tecnologia de Cork, Rossa Avenue, Bishopstown, Cork, Irlanda
J. M. Keenan e A. J. Motley, "Radio Coverage in Buildings" (Cobertura de rádio em edifícios), British Telecom Technology Journal, vol. 8, no. 1, pp. 19-24, Jan. 1990.
Domicile Design and buiders Ltd. (www.domiciledbl.com)
Comunicações sem fios, princípios e práticas por Theodore
S.Rappaport (Segunda edição)
Norma IEEE para tecnologias da informação - Telecomunicações e
Intercâmbio de informações entre sistemas - Redes locais e metropolitanas - Requisitos específicos. (parte 11: Especificações do controlo de acesso médio (MAC) e da camada física (PHY) da LAN sem fios).
http://en.wikipedia.org/wiki/802.11
http://www.eetimes.com/electronics-
news/4143150/Understanding-Wireless-LAN-Performance-Trade-Offs
Digital Beamforming em comunicações sem fios por John Litva-
Titus Kwok- Yeung LoCHAPTER 2.

Apêndice

O exemplo de código MATLAB para a implementação do algoritmo de controlo da taxa proposto com um conjunto de antenas é apresentado abaixo:

```
clc
close all
clear all

% path loss values in db
pl11=75;
pl22=85;
pl12=103;
pl21=99;

% Noise Power in dbm
pn=-90;

% Transmit Powers in dbm
pt1=18;
pt2=-10;
pt_max=20; % Maximum allowable transmit power
step=0.5; % Step in dbm
rate_threshold=36;%24; %Mbps
%%%%%%%%%%%%%%For Antenna
Diversity%%%%%%%%%%%%
K=8; % Number of antenna elements
theta=rand(1,1); % In degrees
gain_db=antenna_gain_func(K,theta)
%%%%%%%%%%%%%%%%%%%%%%%%%%%%%%%%%%%%%%%%%%%%%%%%%%%%%%%%%%%%%%%%%%%%%%%%%%%%
%%%%%%%%%%%%%%%%%%%%%%%%%%%%%%%%%%%%%%%%%%%%%%%%%%%%%%%%%%%%%%%%%%%%%%%%%%%%%%%%%%%%%%%%%%%%%%%%%%%%%%%%%%%%

tmin=0;
tmax=15;
tstep=0.2;
R1_array=[];
R2_array=[];
for t=tmin:tstep:tmax
   %%% for zone 1
   pr1=pt1-pl11;  % in dbm
   if (pt2==inf)
```

```
    i1=inf;
  else
  i1=pt2-pl21;   % in dbm
  end
  %n_i1=pn+i1;
  pr1_mw=10^(pr1/10);
  pn_mw=10^(pn/10);

  if i1==inf
     sinr1=10*log10(pr1_mw/pn_mw);
  else
     i1_mw=10^(i1/10);
     n_i1_mw= pn_mw+i1_mw;
     sinr1=10*log10(pr1_mw/n_i1_mw); % in dB
  end

  %
  r1=rate_c(sinr1);
  R1_array=[R1_array r1];

  if (r1<rate_threshold)&&(pt1<=pt_max)%24
     pt1=pt1+step;
  elseif r1>rate_threshold%24
     pt1=pt1-step;
        else if (sinr1==10*log10(pr1_mw/pn_mw))&&(r1>=rate_threshold)
        pt1=pt1-step;
           end
%    else
%        pt1=pt1;
   end

   plot(t,pt1,'--r*')
   xlabel('time')
   ylabel('P_t(dbm)')
   hold on
   %%%%%%%%%%%
%%% for zone 2
   pr2=pt2-pl22;   % in dbm
   if (pt1==inf)
      i2=inf;
   else
   i2=pt1-pl12;    % in dbm
   end
```

```
    %n_i2=pn+i2;
    pr2_mw=10^(pr2/10);
    %pn_mw=10^(n_i2/10);
    if i2==inf
       sinr2=10*log10(pr2_mw/pn_mw);
    else
       i2_mw=10^(i2/10);
       n_i2_mw= pn_mw+i2_mw;
       sinr2=10*log10(pr2_mw/n_i2_mw); % in dB
    end

    r2=rate_c(sinr2);
    R2_array=[R2_array r2];
    if (r2<rate_threshold)&&(pt2<=pt_max)
       pt2=pt2+step;
    elseif r2>rate_threshold%24
       pt2=pt2-step;
  else if (sinr2==10*log10(pr2_mw/pn_mw))&&(r2>=rate_threshold)
          pt2=pt2-step;
     end
%     else
%         pt2=pt2;
    end
    plot(t,pt2,'--b*')
    xlabel('time')
    ylabel('P_t(dbm)')
    hold on
    grid on
    legend('Zone 1','Zone 2')

end
t_array=tmin:tstep:tmax;
figure
plot(t_array,R1_array,'--ro')
hold on
plot(t_array,R2_array,'--b*')
grid on
legend('Zone 1','Zone 2')
xlabel('time')
ylabel('Rate(Mbps)')
```

Printed by Books on Demand GmbH, Norderstedt / Germany